高等学校土木工程专业"十三五"系列教材

高等学校土木工程专业系列教材

土木工程施工（第二版）

康玉梅　主编

张国联　主审

中国建筑工业出版社

图书在版编目（CIP）数据

土木工程施工/康玉梅主编. —2版. —北京：中国
建筑工业出版社，2020.8（2024.8重印）
高等学校土木工程专业"十三五"系列教材. 高等
学校土木工程专业系列教材
ISBN 978-7-112-25150-6

Ⅰ. ①土… Ⅱ. ①康… Ⅲ. ①土木工程-工程施
工-高等学校-教材 Ⅳ. ①TU7

中国版本图书馆 CIP 数据核字（2020）第 080644 号

本教材是以高等学校土木工程学科专业指导委员会编制的《高等学校土木工程本科指导
性专业规范》为依据，根据高等学校土木工程专业本科"土木工程施工"课程的教学大纲，
在第一版的基础上修订而成。

本次修订在内容上进行了精简和重新安排，以满足各学校学时和学生知识能力的要求。
同时，在书中通过插入二维码的形式，添加了若干与教学相关的数字资源，可帮助读者更好
地掌握所学知识。本书主要内容包括：土方工程、桩基础工程、砌筑工程、钢筋混凝土工程、
构件吊装、建筑结构施工、桥梁结构施工、流水施工、施工组织和网络计划技术。

本书可作为高等学校土木工程及相关专业教材，也可供从事土木工程施工的工程技术人
员参考使用。

为支持本课程教学，本书作者制作了教学课件，有需要的任课老师可发送邮件至
jiangongkejian@163.com 索取。

责任编辑：吉万旺 王 跃
责任校对：焦 乐

高等学校土木工程专业"十三五"系列教材
高等学校土木工程专业系列教材
土木工程施工（第二版）
康玉梅 主编
张国联 主审

*

中国建筑工业出版社出版、发行（北京海淀三里河路 9 号）
各地新华书店、建筑书店经销
霸州市顺浩图文科技发展有限公司制版
建工社（河北）印刷有限公司印刷

*

开本：787 毫米×1092 毫米 1/16 印张：13¼ 字数：318 千字
2020 年 12 月第二版 2024 年 8 月第二十五次印刷
定价：38.00 元（赠课件）
ISBN 978-7-112-25150-6
（35862）

第二版前言

本教材第一版是根据高等学校土木工程专业指导委员会对课程设置及教学大纲的要求于 2003 年组织编写的。

本教材第一版经过十几年的使用，得到广大高校师生的好评。编者广泛征集并吸收了使用者的建议和意见，在《土木工程施工》（第一版）教材（高校土木工程专业规划教材）基础上，以高等学校土木工程学科专业指导委员会编制的《高等学校土木工程本科指导性专业规范》为依据，结合新规范、新标准进行了相应调整和修订，特别是对内容进行了重新梳理和精简，更方便教学使用。此外，本次修订运用了现代信息技术手段，将大量信息化资源整合到二维码中，可使读者直接扫码阅读。这大大丰富了本教材的内容，扩充了教材之外的实际工程信息，有助于使理论知识、工艺技术的教学和实际工程有机结合，更便于读者学习和理解。

本教材是从事土木工程施工教学、科研及出版工作的几代人不懈努力的结果。在此谨向参与第一版编写工作的朱浮声教授、王凤池教授、陈百玲副教授等致敬。

在编写过程中，为了加强教材的理论和实践内容，我们与多所高校和多家企业进行了深入的合作。理论部分编写人员由东北大学、沈阳工业大学、大连海洋大学、沈阳化工大学、宁夏理工学院从事多年土木工程施工专业课教学的老师组成；大量的施工图片、照片、动画和视频等数字化教学资源由焦小明（甘肃建投建设集团有限公司）、肖旭东（中铁九局集团有限公司）、张明闪（中交第二公路工程局有限公司）、王亮（中国建筑第五工程局有限公司）、封正辉和刘晓寒等提供。

本教材由东北大学康玉梅担任主编，张国联担任主审。编写分工为：康玉梅（绪论）；刘文艳、康玉梅（第 1、2 章）；刘振华、康玉梅（第 3、7 章）；康玉梅、卢珊（第 4 章）；康玉梅（第 5 章）；程云虹、康玉梅（第 6 章）；白泉、边晶梅（第 8、9 章）；刘晓蕾（第 10 章）。宋雨航在信息化教学资源的收集和整理方面做了大量工作。

本教材在编写过程中得到了东北大学宋建老师以及广大业内人士的支持与指导，在此表示衷心感谢。

本教材在编写中力求理论联系实际，在内容表达上亦努力做到图文并茂、深入浅出、通俗易懂，并尝试了采用信息化手段充实教学资源。但由于作者的水平有限，并缺乏信息技术应用的经验，随书的数字化教学素材不够成熟，本次修订的不足之处，诚挚希望读者、同行专家批评指正。

编者

2020 年 1 月

第一版前言

　　1998 年教育部颁布了新的专业目录，将建筑工程专业拓宽为土木工程专业，涵盖了原来的建筑工程、交通土建等 8 个专业的内容，很多高校从 1999 年起就开始按土木工程专业招生。

　　《土木工程施工》作为土木工程专业的主要专业课，是研究土木工程施工技术及施工组织一般规律的学科。为适应"大土木"的专业要求，《土木工程施工》也必然要包括建筑工程、道路与桥梁工程、隧道工程等专业领域。与原来《建筑施工》相比，其涵盖的内容更广，范围更宽。但由于土木工程总的专业内容增加了，而本科生总学时数不增加，使得《土木工程施工》的课时数不仅不能增加，而且还要减少。

　　《土木工程施工》是一门实践性比较强的课，为了提高学生学习的兴趣，增加学生的感性认识，我们对土木工程施工的教学方法进行了一系列的改革，引进了录像教学、实物模型教学以及多媒体教学"三位一体"的立体教学新模式，收到了良好的教学效果。

　　基于对上述问题的探索与实践，我们在参考高等学校土木工程专业指导委员会 2002年 10 月制定的《土木工程施工》教学大纲的基础上，结合多年的教学经验，对土木工程相关施工课程的内容进行大幅度的重组，并编写了这部教材。

　　本次教材编写的思路为：（1）总字数约为 30 万字；（2）重点突出土木工程施工的共性内容，删掉了一些不具共性的、材料主导性的施工内容；（3）对房屋和桥梁结构的施工方法，进行了重新组合：把材料和构件施工方法与整体结构施工方法分开，从材料和构件出发介绍施工技术，包括设备、工艺、技术标准等，从结构整体出发，介绍不同房屋结构和桥梁结构的施工方法，包括施工顺序及服务整体的运输系统、操作平台系统等；（4）完善土木工程施工课的逻辑性，如介绍了土木工程施工的研究对象、内容、目的等，增加了施工课程中的一些概念的解释或定义，比如施工方法与施工措施、施工技术与施工组织、施工顺序与施工工序等；（5）语言力求通俗、简洁，增加教材的可读性；（6）附带了多媒体教学光盘，增加可视性，提高学生的感性认识。

　　本教材及所附教学光盘由东北大学张国联、王凤池主编，博士生导师朱浮声教授主审。教材参与编写人员包括：张国联（绪论、第 1、2、5、11、12 章，光盘第 1 章）、王凤池（第 3、4 章，光盘第 2、3、4 章）、陈百玲（第 7、8、9 章，光盘第 7、8、9 章）、康玉梅（第 6 章，光盘第 5、6 章）、汪宇彤（第 10 章，光盘第 10 章）、董福彬（光盘第 11、12 章）。

　　在教材编写过程中得到了张忠生、毕砚书、邱景平、邢军等同志的大力支持，谨此表示衷心的感谢。

　　由于编者水平有限，书中难免有不足之处，敬请读者批评指正。

编者

2003 年 10 月

目　录

绪　　论

1. 土木工程施工课程的研究对象、内容和目的

土木工程专业的很多专业课程（如混凝土结构等）是以土木工程产品状态为研究对象，以产品状态与功能之间的关系为研究内容，以确定产品预期状态（造型、结构等）为研究目的。而土木工程施工课程则不同，它是以土木工程产品形成过程即施工过程为研究对象。多年来大量的实践告诉我们，施工过程不同，施工效果也随之不同，即施工质量、工期、成本也不同。因此要确定理想的施工过程必须研究施工过程和效果之间的关系。

土木工程施工课程的研究对象、内容和目的可概括为：在施工条件和产品预期状态为已知的前提下，根据施工过程与施工效果的关系，确定合理的施工过程（图 0-1）。简而言之，土木工程施工的研究对象为施工过程；研究内容为施工过程与施工效果的关系；研究目的为确定合理的施工过程。

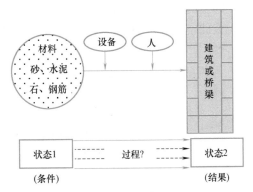

图 0-1　土木工程施工的研究对象、内容和目的

2. 施工过程的描述

土木工程产品本身很复杂，整个施工过程中涉及的施工对象、要素也多，不仅占用时间，而且占用空间，因此，土木工程的施工过程不是用一个简单的流程可以表述清楚的。于是，人们把整个施工过程作为一个系统并分成施工技术和施工组织两个层次加以描述。

（1）施工技术

施工技术，是从具体对象出发，研究对象采用的施工设备、工艺过程、工艺标准和技术措施等，它反映了施工过程的一个层面。例如，图 0-2 所示的某土方工程的施工过程从技术层面可概括地描述为：采用铲运机挖土、其作业方式为下坡铲土、开行路线为 8 字形。

图 0-2　某土方工程施工过程表述方法

但是，仅知道上述施工技术还不足以将整个施工过程表述清楚，还有很多问题需要回

答，如上述土方施工的进度如何，由哪家施工队施工，施工现场的设施、设备、人员如何布置等等，都要通过施工组织来解决。

（2）施工组织

施工组织，是从对象总体出发，以具体的施工技术为基础，研究整个施工任务如何分解、如何分工以及子任务（最小到分项工程）在时间上和空间上的关系。

分解是指整个施工任务分解成哪些分部分项工程，如某建筑工程可分解为基础工程、主体结构、屋面工程、外装饰、内装饰和室外地坪等分部工程；桥梁工程可分为基础、墩台和上部结构等分部工程。

分工是在任务分解的基础上，对施工人员和施工队伍做出安排，确定施工班组等。

时间上的关系主要指施工顺序和进度，例如，房屋各分部工程，基础工程、主体结构、屋面工程、外装饰、内装饰和室外地坪等，在时间上的顺序如何？开、竣工时间如何？

空间上的关系主要指施工要素、设施和道路在施工场地的布置，包括各设施占地面积多大、彼此空间关系如何、哪些应当集中布置以及哪些应当分散布置等。

图 0-3 施工技术与
施工组织的关系

施工技术与施工组织的关系如图 0-3 所示，施工技术决定了施工的方法和物质内容，因此，施工技术是施工组织的基础；而施工技术的目的也在于施工的有序性和确定性，因此，施工组织应当包括施工技术。二者的着眼点、层次不同：施工技术是回答如何施工的问题，而施工组织不仅要回答如何施工，还要回答由谁施工、在哪施工、何时施工等问题。

（3）施工过程与施工效果之间关系的表述方法

由于人们对施工的总体认识水平不同等原因，施工过程与施工效果之间关系虽有些可以定量表达，但大多不是用定理、定律来描述，更多地表现为定性关系，包括施工经验的总结。例如，一个施工对象有哪些施工方法、各方法的优缺点是什么、施工方法的适用条件如何等，但它反映的仍是施工过程与施工效果之间关系。

3. 课程体系

本教材的体系将施工技术和施工组织两部分分开介绍，各部分包括的内容及其之间关系如图 0-4 所示。

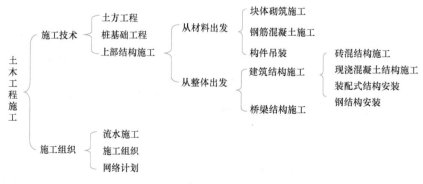

图 0-4 土木工程施工课程体系及其之间关系

1 土方工程

在土木工程施工中，土方工程包括各种土的挖掘、填筑、运输以及排水、降水、土壁支撑等准备工作和辅助工作。最常见的土方工程有：场地平整、基坑（槽）及管沟开挖与回填、地坪填土与碾压、路基开挖与回填等。

土方工程施工具有以下特点：

（1）面广量大，劳动繁重。在土木工程施工中，尤其是比较大型的建筑项目的场地平整，土方施工面积很大。其土方工程量可达几万甚至几十万、几百万立方米以上。劳动强度很大，工作繁重。

（2）施工条件复杂。土方工程大部分为露天作业，受地区、气候、水文、地质、地下障碍、场地周边环境等条件的影响，不可确定因素较多，有时施工条件极为复杂。

（3）有一定的危险性。在进行土方工程爆破时产生的飞石、振动、哑炮，土方开挖过程中发生的塌方和滑坡等对建筑物和人畜都会造成一定的危害，有时甚至还会出现伤亡事故。

因此，在土方工程施工前制定合理的土方施工方案，对于保证土方工程顺利进行具有重要意义。同时，为减轻劳动强度、提高劳动生产率、加快施工进度、降低工程成本，在组织土方施工时，应尽可能采用新技术和机械化施工。

1.1 土的工程分类和工程性质

土的工程分类和工程性质对土方工程施工方案、工期和造价等有直接影响，因此，正确识别土的种类并掌握土的工程性质对土方工程施工具有重要的意义。

1.1.1 土的工程分类

土的工程分类方法较多，在土方工程中为了施工和计算费用的需要，根据土开挖的难易程度，将土分为松软土、普通土、坚土、砂砾坚土、软石、次坚石、坚石和特坚石共八类。一至四类为土，五至八类为岩石，详见表1-1。

土的工程分类   表 1-1

土的分类	土的名称	密度(t/m³)	土的可松性		现场鉴别方法
			K_s	K_s'	
一类土（松软土）	砂,砂质粉土,冲击砂土层,种植土,泥炭(淤泥)	0.6~1.5	1.08~1.17	1.01~1.03	能用锹、锄头挖掘
二类土（普通土）	粉质黏土,潮湿的黄土,夹有碎石、卵石的砂,种植土,填筑土及砂质粉土	1.1~1.6	1.14~1.28	1.02~1.05	用锹、锄头挖掘,少许用镐翻松
三类土（坚土）	软及中等密实土,重粉质黏土,粗砾石,干黄土及含碎石、卵石的黄土,粉质黏土,压实的填筑土	1.75~1.9	1.24~1.30	1.04~1.07	主要用镐、锹、锄头挖掘,部分用撬棍

土的分类	土的名称	密度 (t/m³)	土的可松性		现场鉴别方法
			K_s	K'_s	
四类土 (砂砾坚土)	重黏土及含碎石、卵石的黏土,粗卵石,密实的黄土,天然级配砂石,软泥灰岩及蛋白石	1.9	1.26～1.32	1.06～1.09	整个用镐、撬棍,然后用锹挖,部分用楔子及大锤
五类土 (软石)	硬石灰,中等密实的页岩,泥灰岩,白垩土,胶结不紧的砾岩,软的石灰岩	1.1～2.7	1.30～1.45	1.10～1.20	用镐或撬棍、大锤挖掘,部分使用爆破
六类土 (次坚石)	泥岩,砂岩,砾岩,坚实的页岩,泥灰岩,密实石灰岩,风化花岗岩,片麻岩	2.2～2.9	1.30～1.45	1.10～1.20	用爆破方法开挖,部分用风镐
七类土 (坚石)	大理岩,辉绿岩,玢岩,粗中粒花岗岩,坚实白云岩,砂岩,砾岩,片麻岩,石灰岩,风化痕迹的安山岩,玄武岩	2.5～3.1	1.30～1.45	1.10～1.20	用爆破方法开挖
八类土 (特坚石)	安山岩,玄武岩,花岗片麻岩,坚实的细粒花岗岩,闪长岩,石英岩,辉长岩,辉绿岩,玢岩	2.7～3.3	1.45～1.50	1.20～1.30	用爆破方法开挖

1.1.2　土的工程性质

土的主要工程性质有土的含水量、密实度、可松性和渗透性等。土的工程性质对土方工程施工有直接影响,也是进行土方施工设计必须掌握的基本资料。如确定场地设计标高、计算土方工程量、确定土方施工机械数量时等,均应考虑土的可松性;编制基坑开挖方案、确定降水方案时应考虑土的渗透性;编制边坡支护方案、确定回填压实指标时应考虑土的含水量、密实度等。

1.1.2.1　土的含水量（w）

土的含水量是土中水的质量与固体颗粒质量之比,以百分率表示:

$$w=\frac{m_1-m_2}{m_2}\times100\%=\frac{m_w}{m_s}\times100\%\qquad(1\text{-}1)$$

式中　m_1——含水状态时土的质量（kg）;

　　　m_2——烘干后土的质量（kg）;

　　　m_w——土中水的质量（kg）;

　　　m_s——土中固体颗粒的质量（kg）。

含水量是反映土体湿度的一个重要物理指标。含水量对于挖土方法、施工时边坡的稳定及回填土的夯实质量都有影响。

1.1.2.2　土的干密度

土的干密度是指单位体积中土的固体颗粒的质量:

$$\rho_d=\frac{m_s}{V}\qquad(1\text{-}2)$$

式中 ρ_d——土的干密度（kg/m^3）；

V——土的天然体积（m^3）；

干密度越大，表示土越密实。在填土压实时，土的干密度是评定土体密实程度的重要指标，可用以控制填土压实的质量。

1.1.2.3 土的可松性

自然状态下的土经开挖后，内部组织破坏，其体积因松散而增加，以后虽经回填压实仍不能恢复其原来的状态，土的这种性质称为土的可松性。土的可松性用可松性系数表示：

$$K_s = \frac{V_2}{V_1} \tag{1-3}$$

$$K_s' = \frac{V_3}{V_1} \tag{1-4}$$

式中 K_s——土的最初可松性系数；

K_s'——土的最终可松性系数；

V_1——土在自然状态下的体积（m^3）；

V_2——土挖出后的松散状态下的体积（m^3）；

V_3——土经回填压实后的体积（m^3）。

土的可松性对确定场地设计标高、土方调配、计算运土机具的数量以及计算填方所需的挖方体积等均有很大影响。根据土的工程分类，相应的可松性系数参见表1-1。

1.1.2.4 土的渗透性

土的渗透性指水流通过土中孔隙的难易程度，用渗透系数来表示。渗透系数是指在水力坡度为1的渗流作用下，水从土中渗出的速度，用 K 表示，单位"m/d"，它同土的颗粒级配、密实程度等有关，渗透系数反映土体透水性的强弱，影响施工降水与排水的速度。土的渗透系数见表1-2。

土的渗透系数 表1-2

土的名称	渗透系数 K(m/d)	土的名称	渗透系数 K(m/d)
黏土	<0.005	中砂	5.0～20.00
粉质黏土	0.005～0.10	均质中砂	35～50
黏质粉土	0.10～0.50	粗砂	20～50
黄土	0.25～0.50	圆砾石	50～100
粉土	0.50～1.00	卵石	100～500
细砂	1.00～5.00		

1.2 土方工程量计算与调配

在土方工程施工之前，必须计算土方的工程量。但各种土方工程的外形有时很复杂，而且不规则。一般情况下，都是将其假设或划分成一定的几何形状，并采用具有一定精度而又和实际情况近似的方法进行计算。

5

1.2.1 基坑 (槽)、管沟土方量计算

1.2.1.1 基坑土方量计算

基坑土方量的计算可近似按拟柱体体积公式计算。如图 1-1 所示，基坑土方量：

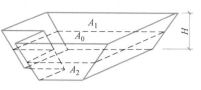

图 1-1 基坑土方量计算

$$V = \frac{H}{6}(A_1 + 4A_0 + A_2) \qquad (1\text{-}5)$$

式中　H——基坑深度（m）；

A_1、A_2——上、下底面积（m^2）；

A_0——中截面面积（m^2）。

1.2.1.2 基槽、管沟土方量计算

基槽和管沟在土方量计算时，如图 1-2 所示，可沿长度方向分段后，再用同样方法计算。A_{i1}、A_{i2} 为 i 分段端部面积，A_{i0} 为分段中截面面积，l_i 为分段长度，将各段土方量相加，即得总土方量：

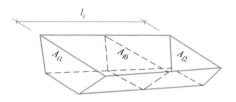

图 1-2 基槽土方量计算

$$V = \sum_{i=1}^{n} \frac{l_i}{6}(A_{i1} + 4A_{i0} + A_{i2}) \qquad (1\text{-}6)$$

1.2.2 场地平整土方量计算

场地平整是将需进行施工范围内的自然地面改造成施工所要求的设计平面，通常是挖高填低。场地平整前，必须确定场地的设计标高，计算挖方、填方工程量，从而确定挖填方的平衡调配方案，选择土方机械，拟定施工方案。

1.2.2.1 场地设计标高的确定

场地设计标高一般由设计单位确定，它是进行场地平整和土方量计算的依据。应结合现场具体情况，反复进行技术经济比较，合理地确定场地的设计标高。其确定原则是：满足生产工艺和运输的要求；充分利用地形（如分区或分台阶布置）、尽量减少挖填方数量；力求挖填方平衡，使土方运输费用最少；要有一定的泄水坡度（≥2‰），满足排水要求；要考虑最高洪水水位的影响。

在设计无特殊要求的前提下应按挖填方平衡的要求确定设计标高，即填方量等于挖方量，其场地设计标高确定步骤和方法如下。

（1）初步确定场地设计标高 H_0

1）在具有等高线的地形图上将施工区域划分为边长 $a = 10 \sim 40\text{m}$ 的若干方格（或利用地形图的方格网），如图 1-3 所示。

2）确定各小方格的角点高程。当地形平坦时，可根据地形图上相邻两条等高线的高程，用插入法求得。地形起伏大（用插入法有较大误差）或在无地形图的情况下，也可以在现场用木桩或钢钎打好方格网，然后用仪器直接测出方格网角点标高。

3）按挖填方平衡原则确定设计标高：

$$H_0 N a^2 = \sum \left(a^2 \frac{H_{11} + H_{12} + H_{21} + H_{22}}{4} \right)$$

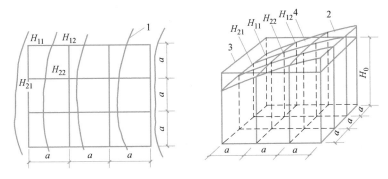

图 1-3 场地设计标高计算简图

$$H_0 = \frac{\sum (H_{11} + H_{12} + H_{21} + H_{22})}{4N} \tag{1-7}$$

式中　H_0——所计算场地的设计标高（m）；

　　　a——方格边长（m）；

　　　N——方格数。

由图 1-3 可看出，H_{11} 只属于一个方格的角点标高，H_{12} 和 H_{21} 则属于两个方格公共的角点标高，H_{22} 则属于四个方格公共的角点标高，它们分别在上式中要加 1 次、2 次、4 次。因此，式（1-7）可改写成下列形式：

$$H_0 = \frac{\sum H_1 + 2\sum H_2 + 3\sum H_3 + 4\sum H_4}{4N} \tag{1-8}$$

式中　H_1——仅属于一个方格的角点标高（m）；

　　　H_2——两个方格共有的角点标高（m）；

　　　H_3——三个方格共有的角点标高（m）；

　　　H_4——四个方格共有的角点标高（m）。

（2）场地设计标高 H_0 的调整

按上述公式所计算的设计标高 H_0 系一理论值，实际上还需要考虑土的可松性、场地泄水坡度、设计标高以上的各种填挖方工程以及就近弃土、就近取土等因素引起挖、填土方量的变化，对设计标高进行调整。

1）土的可松性的影响

由于土具有可松性，按理论计算的 H_0 施工，填土会有剩余，因此需相应提高设计标高，以达到土方量的实际平衡。设 Δh 为土的可松性引起设计标高的增加值，则设计标高调整后的总挖方体积 V'_w 应为：

$$V'_w = V_w - F_w \Delta h$$

总填方体积 V'_T 为：

$$V'_T = V'_w K'_s = (V_w - F_w \Delta h) K'_s$$

此时，填方区的标高也应与挖方区一样，提高 Δh，即：

$$\Delta h = \frac{V'_T - V_T}{F'_T} = \frac{(V_w - F_w \Delta h) K'_s - V_T}{F'_T}$$

经移项整理简化得（当 $V_w = V_T$）：

$$\Delta h = \frac{V_w (K'_s - 1)}{F'_T + F_w K'_s} \tag{1-9}$$

所以考虑土的可松性后,场地设计标高应调整为:

$$H_0' = H_0 + \Delta h$$

2) 取土与弃土的影响

由于场地内大型基坑挖出的土方、修筑路堤填高的土方、边坡挖填方量不等,或经过经济比较而将部分挖方就近弃于场外和部分填方就近从场外取土等,均会引起挖填土方量的变化,导致设计标高降低或提高。

为简化计算,场地设计标高的调整可按下面近似公式来确定:

$$H_0'' = H_0' \pm \frac{Q}{Na^2} \tag{1-10}$$

式中　Q——假定按初定场地设计后多余或不足土方量(m³);

　　　a——方格边长(m);

　　　N——方格数。

3) 泄水坡度的影响

当按上述计算及调整后的场地设计标高进行场地平整后,则整个场地均处于同一水平面,但实际施工中由于有排水的要求,平整后的场地表面需要有一定的泄水坡度。因此,必须根据场地泄水坡度的要求(单向泄水或双向泄水),计算出场地内各方格网各角点实际施工所用的设计标高,如图 1-4 所示。

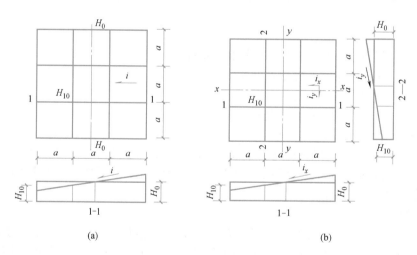

图 1-4　场地泄水坡度示意图
(a) 单向泄水;(b) 双向泄水

① 单向泄水

设计标高的确定方法是把设计标高 H_0'' 作为场地中心线的标高,则场地任意一点的设计标高为:

$$H_n = H_0'' \pm Li \tag{1-11}$$

式中　H_n——场地内任意一点的设计标高(m);

　　　L——该点至场地中心线的距离(m);

　　　i——场地单向泄水坡度(不小于2‰)。

② 双向泄水

把设计标高 H_0'' 作为场地纵横方向的中心点的标高，则场地任意一点的设计标高为：

$$H_n = H_0'' \pm L_x i_x \pm L_y i_y \tag{1-12}$$

式中 L_x、L_y——该点沿 x-x、y-y 方向距场地中心线的距离（m）；

　　　i_x、i_y——该点沿 x-x、y-y 方向的泄水坡度。

1.2.2.2　场地平整土方量的计算

场地平整土方量的计算方法通常有方格网法和断面法，一般采用方格网法，其计算步骤如下。

（1）计算场地各方格角点的施工高度

$$h_n = H_n - H_n' \tag{1-13}$$

式中 h_n——角点施工高度（m），即挖填高度，以"＋"为填，"－"为挖；

　　　H_n——角点的设计标高（m）；

　　　H_n'——角点的自然地面标高（m）。

（2）确定"零线"

根据角点施工高度，先求出一端为挖方、另一端为填方的方格边线上的"零点"（即不挖不填的点），平面网格中，相邻两个零点相连成的一条折线，就是方格网中的挖填分界线——零线。如图 1-5 所示，设 h_1 为填方角点的填方高度，h_2 为挖方角点的挖方高度，O 为零点位置。则 O 点与 A 点的距离为：

$$x = \frac{ah_1}{h_1 + h_2} \tag{1-14}$$

（3）计算方格挖填土方量

零线求出后，场地的挖填区即随之标出，依据零线的位置，方格内的填挖方式划分为三种类型，如图 1-6、图 1-7 和图 1-8 所示。对应的土方量计算方法如下：

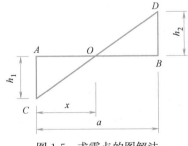

图 1-5　求零点的图解法

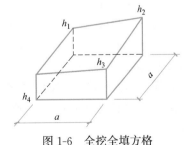

图 1-6　全挖全填方格

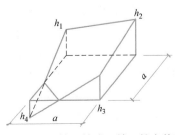

图 1-7　两挖两填方格　　　　　　　图 1-8　三挖一填或三填一挖方格

1）全挖或全填

$$V = \frac{a^2}{4}(h_1 + h_2 + h_3 + h_4) \tag{1-15}$$

2）两挖两填

$$V_{1,2} = \frac{a^2}{4}\left(\frac{h_1^2}{h_1 + h_4} + \frac{h_2^2}{h_2 + h_3}\right) \tag{1-16}$$

$$V_{3,4} = \frac{a^2}{4}\left(\frac{h_4^2}{h_1 + h_4} + \frac{h_3^2}{h_2 + h_3}\right) \tag{1-17}$$

3）三挖一填（或三填一挖）

$$V_4 = \frac{a^2}{6}\frac{h_4^3}{(h_1 + h_4)(h_3 + h_4)} \tag{1-18}$$

$$V_{1,2,3} = \frac{a^2}{6}(2h_1 + h_2 + 2h_3 - h_4) + V_4 \tag{1-19}$$

（注意：h_1、h_2、h_3、h_4 系顺时针排列；第二种类型的 h_1、h_2 同号，h_3、h_4 同号；第三种类型的 h_1、h_2、h_3 同号，h_4 为异号）

（4）汇总平衡土方量

将以上所计算的各方格土方量按挖填方分别进行汇总，即获得场地平整的挖方量和填方量。

1.2.3 土方调配

土方调配是土方规划设计的一项重要内容，其目的是使土方运输量或运输成本最低的条件下，确定挖填方区土方的调配方向和数量，从而达到缩短工期和提高经济效益的目的。其步骤是：划分调配区；计算土方调配区之间的平均运距；确定土方单价；确定土方最优调配方案；绘制土方调配图表。

（1）土方调配区的划分

进行土方调配时，首先要划分调配区，其划分原则如下：

1）调配区的划分应该与工程建（构）筑物的平面位置相协调，并考虑它们的开工顺序、工程的分期施工顺序。

2）调配区的大小应该满足土方施工主导机械（铲运机、挖土机等）的技术要求。

3）调配区的范围应该和土方量计算用的方格网相协调，通常可由若干个方格组成一个调配区。

4）当土方运距较大或场地范围内土方不平衡时，可根据附近地形，考虑就近取土或就近弃土，这时一个取土区或弃土区都可作为一个独立调配区。

（2）平均运距的确定

调配区的大小和位置确定之后，便可计算各挖填方调配区之间的平均运距，即挖方区土方重心至填方区土方重心的距离，通常就是该挖填方调配区之间的平均运距。

当挖填方调配区之间距离较远，采用汽车、自行式铲运机或其他运土工具沿工地道路或规定线路运土时，其运距应按实际情况进行计算。

（3）土方施工单价的确定

如果采用汽车或其他专用运土工具运土时，调配区之间的运土单价可根据预算定额确定。

当采用多种机械施工时，确定土方的施工单价就比较复杂，因为不仅是单机核算问题，还要考虑运、填配套机械的施工单价，确定一个综合单价。

（4）确定土方最优调配方案

土方调配的求解方法常用线性规划法中的"表上作业法"。在划分调配区和计算调配区之间的平均运距的基础上，建立土方平衡与运距表，见表1-3，其中 c_{ij} 为 W_i 到 T_j 的单位土方施工费或运距，x_{ij} 为 W_i 到 T_j 的土方量。

土方平衡与运距表   表 1-3

挖方区	填方区						挖方量
	T_1	T_2	……	T_j	……	T_n	
W_1	c_{11} x_{11}	c_{12} x_{12}	……	c_{1j} x_{1j}	……	c_{1n} x_{1n}	a_1
W_2	c_{21} x_{21}	c_{22} x_{22}	……	c_{2j} x_{2j}	……	c_{2n} x_{2n}	a_2
……	……	……	……	……	……	……	……
W_i	c_{i1} x_{i1}	c_{i2} x_{i2}	……	c_{ij} x_{ij}	……	c_{in} x_{in}	a_i
……	……	……	……	……	……	……	……
W_m	c_{m1} x_{m1}	c_{m2} x_{m2}	……	c_{mj} x_{mj}	……	c_{mn} x_{mn}	a_m
填方量	b_1	b_2	……	b_j	……	b_n	$\sum\limits_{i}^{m} a_i = \sum\limits_{1}^{n} b_j$

土方调配的数学模型为：求一组满足下列约束条件的 x_{ij} 的值，使总施工费用 $z = \sum\limits_{i=1}^{m}\sum\limits_{j=1}^{n} c_{ij} x_{ij}$ 为最小值：

$$\sum_{i=1}^{n} x_{ij} = a_i \quad (i=1,2,\cdots\cdots,m) \tag{1-20}$$

$$\sum_{j=1}^{m} x_{ij} = b_j \quad (j=1,2,\cdots\cdots,n) \tag{1-21}$$

$$\sum_{i=1}^{m} a_i = \sum_{j=1}^{n} b_j \tag{1-22}$$

$$x_{ij} \geqslant 0$$

根据约束条件知道，未知量有 $m \times n$ 个，而方程数为 $m+n$ 个。由于填挖平衡，因此独立方程的数量实际上只有 $m+n-1$ 个。在求解线性规划问题时，可以先令 $m \times n-(m+n-1)$ 个未知量为零（可以任意假定，但为了减少运算次数，可以按照就近分配的原则，把运距较远或运费较大的那些未知量假定为零），这样就能够解出第一组 $m+n-1$ 个未知量的值。这个解是不是最优解，还需要用检验数进行检验。如果检验不是最优解，还需要调整。调整方法是按一定规则进行解的置换：将原解中的一个未知量的值置为 0，并把原来不在解中的一个未知量引入解中。经检验若能使求得的一组新解的目标函数值下降，那么新解就比前一个解合理。这样一次次调整，直到使目标函数值为最小，此时的一组解就是最优解。下面用具体实例（图 1-9）介绍求解步骤。

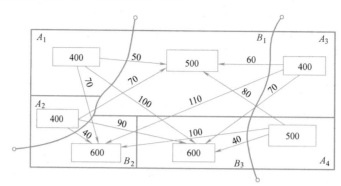

图 1-9　各调配区土方量和平均运距

（1）初始方案的确定

根据就近分配的原则确定初始方案，如表 1-4 所示。

初始方案表　　　　　　　　　　　　　　　　　　　　　　　表 1-4

挖方 ＼ 填方	T_1		T_2		T_3		挖方量
W_1		50		70		100	400
	400		×		×		
W_2		70		40		90	400
	×		400		×		
W_3		60		110		70	400
	100		200		100		
W_4		80		100		40	500
	×		×		500		
填方量	500		600		600		1700

（2）最优方案的判别

1）求位势数。

根据初始方案中 $x_{ij} \neq 0$ 方格的 c_{ij}，由公式 $c_{ij} = u_i + v_j$ 求出两组位势数 u_i、v_j（注意：可以假定某一个 $u_i = 0$，这里假定 $u_1 = 0$，然后再求其他的 u_i、v_j），将位势数列入表 1-5 中。

2）计算检验数 $\lambda_{ij} = c_{ij} - u_i - v_j$ 并列入表 1-5 中。

3）判别是否最优：只要出现负的检验数，就说明方案不是最优，需要进一步调整。

（3）方案的调整

第一步：在所有负检验数中选一个（一般可选最小的一个），本例中是 λ_{12}，把它所对应的变量 x_{12} 作为调整对象。

初始方案的位势数　　　　　　　　　　　　　　　　　　　　表 1-5

u_i ＼ v_j		T_1 50	T_2 100	T_3 60
W_1	0	0	⏹70 −30	⏹100 +40
W_2	−60	⏹70 +80	0	⏹90 +90
W_3	10	0	0	0
W_4	−20	⏹80 +50	⏹100 +20	0

第二步：找出 x_{12} 的闭回路。其做法是：从 x_{12} 格出发，沿水平与竖直方向前进，遇到适当的有数字的方格作 90°转弯，然后继续前进，如果路线恰当，有限步后便能回到出发点，形成一条以有数字的方格为转角点的、用水平和竖直线连起来的闭合回路，见表 1-6。

闭合回路法　　　　　　　　　　　　　　　　　　　　　　表 1-6

挖方 ＼ 填方	T_1	T_2	T_3	挖方量
W_1	400	× ⟶ O	×	400
W_2	×	400	×	400
W_3	100	200	100	400
W_4	×	×	500	500
填方量	500	600	600	1700

第三步：从空格 x_{12} 出发，沿着闭合回路（方向任意）一直前进，在各奇数次转角点的数字中，挑出最大运距对应的 x_{ij}（本例中 $c_{32}=110$ 最大，它对应的 $x_{32}=200$），将它由 x_{32} 调到 x_{12} 方格中。

第四步：将"200"填入 x_{12} 方格中，被调出的 x_{32} 为 0（该格变为空格）；同时将闭合回路上其他的奇数次转角上的数字都减去"200"，偶数次转角上数字都增加"200"，使得填挖方区的土方量仍然保持平衡。这样调整后，便可得到表中的新调配方案。

第五步：对新调配方案，仍用"位势法"进行检验，看其是否是最优方案。如果检验数中仍有负数出现，那就仍按上述步骤继续调整，直到找出最优方案为止。

（4）调整后的方案及检验

调整后的方案及检验见表 1-7 和表 1-8。表中所有检验数均为正号，故该方案为最优方案。

调整后的方案　　　　　　　　　　　　　　　　　　　　　表 1-7

挖方 ＼ 填方	T_1	T_2	T_3	挖方量
W_1	⏹50 200	⏹70 200	⏹100 ×	400
W_2	⏹70 ×	⏹40 400	⏹90 ×	400

挖方＼填方	T_1		T_2		T_3		挖方量
W_3		60		110		70	400
	300		×		100		
W_4		80		100		40	500
	×		×		500		
填方量	500		600		600		1700

调整后方案的检验 表 1-8

挖方＼填方	T_1		T_2		T_3	
	50		0		60	
W_1	0	0	0	0		100
						+40
W_2	−30		70	0		90
		+50		0		+60
W_3	10	0		110		
				+30		
W_4	−20		80		100	0
		+50		+50		

最优土方调配方案的土方总运输量为：

$$Z = 200 \times 50 + 200 \times 70 + 400 \times 40 + 300 \times 60$$
$$+ 100 \times 70 + 500 \times 40 = 85000 \mathrm{m}^3 \cdot \mathrm{m}$$

（5）绘制土方调配图

最后将表 1-8 中的土方调配数值绘成土方调配图（图 1-10）。

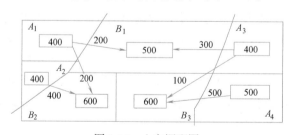

图 1-10 土方调配图

1.3 土方工程的机械化施工

土方工程应尽可能采用机械化作业，以减轻繁重的体力劳动，提高劳动效率，加快施工速度。土方工程施工机械种类繁多，常用的有：推土机、铲运机、单斗挖土机和多斗挖土机等。

1.3.1 推土机

推土机是土方工程施工的主要机械之一，是在拖拉机的前部装有推土铲刀的机械。根据推土铲刀的操纵机构不同，推土机可分为索式和液压式两种。根据行走机构不同分为履带式和轮胎式。索式推土机的铲刀靠本身重量切入土中。液压式推土机是以油压操纵，可以强制铲刀切入土中，推土效率高。同时液压式推土机除了可以自行升降推土铲刀外，还可以调整推土铲刀的角度，因此具有更大的灵活性。

图 1-11　推土机外形

推土机的外形如图 1-11 所示，其施工特点是操纵灵活、运转方便、生产效率高、爬坡能力强（可达 30°）。

适用范围：场地平整、开挖深度在 1.5m 以内的基坑、填平沟坑以及配合铲运机、挖土机工作等。推土机可推挖一至三类土，四类以上土需经预松后才能作业。其经济运距在100m 以内，当运距在 40～60m 时效率最高。

为提高推土机推土效率，可采取如下的作业方式：

（1）下坡推土（见图 1-12）。推土机顺地面坡度沿下坡方向切土与推土，以借助机械本身的重力作用增加推土能力和缩短推土时间。一般效率可提高 30%～40%。

图 1-12　下坡推土

（2）槽形推土（见图 1-13）。推土机重复多次在一条作业线上切土和推土，使地面逐渐形成一条浅槽，以减少土从铲刀两侧流散，可以增加推土量 10%～30%。

（3）并列推土（见图 1-14）。平整场地的面积较大时，可用 2～3 台推土机并列作业，刀距 15～30cm。一般两机并列推土效率可提高 15%～30%。

图 1-13　槽形推土

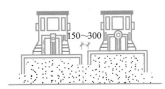

图 1-14　并列推土

（4）多铲集运。在硬质土中，切土深度不大，可以采用多次铲土，分批集中，一次推送的方法，以便有效地利用推土机的功率，缩短运土时间。

1.3.2 铲运机

铲运机是一种能综合完成铲土、运土、卸土、填筑、整平的土方机械。按行走方式分为自行式铲运机和拖式铲运机两种，如图 1-15、图 1-16 所示。其施工特点是对道路行驶要求低，行驶速度快，操纵灵活，生产效率高。

图 1-15　C_3-6 型自行式铲运机　　　　图 1-16　C_6-2.5 型拖式铲运机

适用范围：常用于坡度在 20°以内的大面积场地土方挖、填、平整、压实，也可用于堤坝填筑等。适用于开挖含水量不超过 27％的一至三类土，不适于在砾石层、冻土带和沼泽地施工。

为提高施工效率可采取如下的作业方式和开行路线：

（1）铲土方式

1）下坡铲土。利用铲运机下坡时的重力增大牵引力，使铲斗切土加深，缩短铲土时间，可提高生产率 25％左右。

2）跨铲法。在较坚硬的土内挖土时，采用预留土埂、间隔铲土的方法。间隔铲土可减少向外散土，铲土埂时又增加了两个自由面，阻力减小，铲土容易，可提高效率 10％左右。

3）助铲法。在地势平坦、土质坚硬的土层中，可用推土机助铲以加大切土深度和缩短铲土时间，可提高生产率 30％左右。

（2）开行路线

铲运机运行路线应根据填方、挖方区的分布情况并结合当地具体条件进行合理选择。一般有两种形式：

1）环形路线。环形路线是一种既简单又常用的路线。当地形起伏不大，施工地段较短时，多采用环形路线。根据铲土与卸土相对位置不同，可分为两种情况：一种是第一次循环只完成一次铲土和卸土，见图 1-17（a）、（b）；另一种情况是当填挖交替且相互之间距离又不大时，则可以采用大环形路线，一个循环可完成多次铲土和运土工作，从而减少铲运机的转变次数，提高工作效率，见图 1-17（c）。

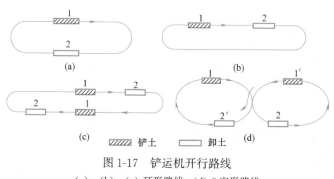

图 1-17　铲运机开行路线
（a）、（b）、（c）环形路线；（d）8 字形路线

2）8字形路线。8字形路线是装土、运土和卸土轮流在两个工作面上进行，每一循环完成两次铲土和两次卸土作业，既缩短运行时间又减少了转弯次数。很适合于地形起伏不大、土坑较长的路基填筑以及坡度较大的场地平整，见图1-17（d）。

1.3.3 挖土机

常用挖土机主要为单斗挖土机，单斗挖土机在土方工程施工中应用最为广泛，具有挖掘能力强、工效快、通用性好等优点，既可以用于开挖基槽（坑）、河道、沟渠等，更换工作装置后又可以进行起重、安装、打桩、夯实等作业。单斗挖土机按其工作装置不同可分为：正铲、反铲、抓铲和拉铲，见图1-18；按其行走装置可分为履带式和轮胎式两类。

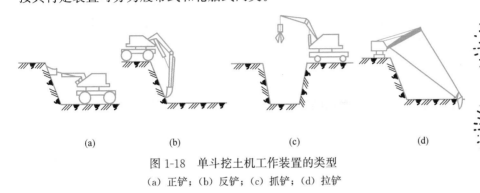

图1-18 单斗挖土机工作装置的类型

（a）正铲；（b）反铲；（c）抓铲；（d）拉铲

（1）正铲挖土机

正铲挖土机的工作特点是"前进向上，强制切土"。正铲挖土机适用于开挖停机面以上的含水量不大于27%的一至四类土，其挖掘力大，生产效率高。

正铲挖土机的作业方式根据挖土机的运行路线与运输车辆的相对位置不同，有正向开挖、后方卸土以及正向开挖、侧向卸土两种，见图1-19。

（2）反铲挖土机

反铲挖土机的工作特点是"后退向下，强制切土"。反铲挖土机适用于开挖停机面以下的一至三类土，适用于开挖深度不大的基坑（槽）或管沟等含水量大或地下水位较高的土方。

反铲挖土机的开挖方式有沟侧开挖和沟端开挖两种，见图1-20。

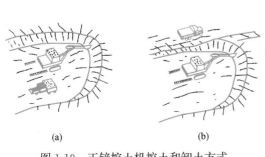

图1-19 正铲挖土机挖土和卸土方式

（a）正向挖土后方卸土；（b）正向挖土侧向卸土

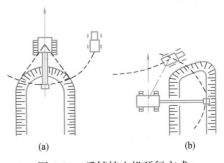

图1-20 反铲挖土机开行方式

（a）沟端开行；（b）沟侧开行

沟侧开挖法，即反铲停于沟侧，沿沟边开挖，它可将土弃于距沟较远的地方，此法挖土深度和宽度较小，边坡不易控制。由于机身停在沟边工作，边坡稳定性差，因此在无法采用沟端开挖方式或挖出的土不需运走时采用。

沟端开挖法，即反铲停于沟端，后退挖土，向沟一侧弃土或装汽车运走。此法的优点是挖土方便，开挖深度可达到最大挖土深度。

（3）抓铲挖土机

抓铲挖土机的工作特点是"直上直下，自重切土"。抓铲挖土机适用于开挖停机面以下一、二类土，如挖窄而深的基坑、沟槽、沉井等工程，尤其适用于水中挖土和清理河泥。

（4）拉铲挖土机

拉铲挖土机的工作特点是"后退向下，自重切土"。拉铲挖土机适用于开挖停机面以下的一、二类土，适用于开挖较深、较大的基坑（槽）、沟渠，挖取水中泥土以及填筑路基、修筑堤坝等。拉铲挖土机大多将土直接卸在基坑（槽）附近堆放或配备自卸汽车装土运走，但工效较低。

1.3.4 挖土设备和运土设备数量的计算

1.3.4.1 挖土设备数量的计算

$$N = \frac{Q}{Q_d} \cdot \frac{1}{TCK} （台）\tag{1-23}$$

式中 Q——土方量（m^3）；

Q_d——挖土机生产率（m^3/台班）；

T——工期（工作日）；

C——每天工作班数；

K——工作时间利用系数（0.8～0.9）。

1.3.4.2 运土设备数量的计算

当用挖土机挖土时，运土设备载重量要与挖土设备配套，运土车辆的载重量宜为每斗土重的3～5倍，运土设备数量也应与挖土设备数量配套，一台挖土机配备的自卸汽车台数 N' 为：

$$N' = \frac{P}{P'}\tag{1-24}$$

式中 P、P'——分别为挖土机生产率和自卸汽车生产率（m^3/台班）。

或按下式计算：

$$N' = \frac{t}{t'}\tag{1-25}$$

式中 t、t'——分别为每一循环车辆运输时间和运输车辆装满一车土的时间（min）。

1.4 土方工程的辅助工程

在土方开挖施工过程中，当垂直开挖超过一定深度后就会出现边坡塌方或滑坡现象，为保证施工安全，需要采取放坡或支护的方法保证边坡的稳定。为保证作业面干燥，方便施工，当开挖深度超过地下水位时，在挖方之前，应做好地面排水和降低地下水位的工作。因此，土方开挖需要和边坡、降水工程共同考虑。

1.4.1 土方边坡及其稳定

1.4.1.1 土方边坡

（1）边坡形式

为了保证土体的稳定性和施工安全，基坑及各类挖方和填方的边沿，都应做成一定形状的边坡，如图1-21所示。

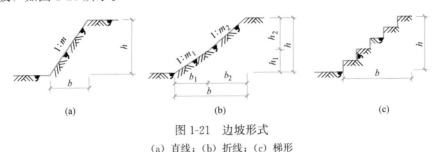

图 1-21　边坡形式
(a) 直线；(b) 折线；(c) 梯形

（2）边坡坡度

土方边坡的坡度以其挖方深度 H 与边坡底宽 B 之比来表示。如图1-22所示，设 i 为边坡坡度，则：

$$i = \frac{H}{B} = \frac{1}{B/H} = 1 : m \qquad (1\text{-}26)$$

图 1-22　边坡坡度

式中，$m = B/H$ 为边坡系数。

土方边坡坡度大小应根据土质、开挖深度、开挖方法、工期、地下水位、坡顶荷载及气候条件等因素确定。

土方边坡坡度应符合下列规定：永久性边坡坡度应符合设计要求。当工程地质与设计文件不符，需修改边坡坡度或采取加固措施时，应由设计单位确定；临时性边坡坡度应根据工程地质和开挖边坡高度要求，结合当地同类土体的稳定坡度确定；在坡体整体稳定的情况下，如地质条件良好、土（岩）质较均匀，高度在3m以内的临时性边坡坡度宜符合表1-9的规定。

根据土方工程施工规范的规定：对于土质均匀且地下水位低于基坑（槽）底或管沟底面标高、开挖土层湿度适宜当敞露时间不长时，其挖方边坡可做成直壁，不加支撑，但挖方深度不宜超过下列规定：密实、中密的砂土和碎石土（充填物为砂土）为1.00m；硬塑、可塑的粉质黏土及粉土为1.25m；硬塑、可塑的黏土和碎石类土（充填物为黏性土）为1.50m；坚硬的黏土为2.00m。

临时性边坡坡度值　　　　　　　　　　　　　　　表 1-9

土的类别		边坡坡度
砂土	不包括细砂、粉砂	1：1.25～1：1.50
一般性黏土	坚硬	1：0.75～1：1.00
	硬塑	1：1.00～1：1.25
碎石类土	密实、中密	1：0.50～1：1.00
	稍密	1：1.00～1：1.50

1.4.1.2 影响边坡稳定的因素

土方边坡的稳定，主要是由于土体内颗粒间存在摩阻力和内聚力，从而使土体具有一定的抗剪强度。土体抗剪强度的大小主要取决于土的摩擦角和内聚力的大小。内聚力是由土中水的水膜和土粒之间的分子引力以及土中化合物的胶结作用这两方面的影响因素而形成的。

因此，凡是能影响土体中剪应力、内摩阻力和内聚力的因素，都能影响边坡的稳定，如边坡过陡，土体稳定性不够；雨水、地下水渗入基坑，使土含水量增大、质量增大及抗剪能力降低，造成塌方；基坑上缘附近大量堆土或停放机具、材料或由于动荷载的作用，使土体中的剪应力超过土体抗剪强度。

1.4.2 土壁支护

当地质条件和周围环境不允许放坡时可以使用支护结构，土壁支撑形式应根据开挖深度和宽度、土质和地下水条件及开挖方法、相邻建筑物等情况进行选择和设计。

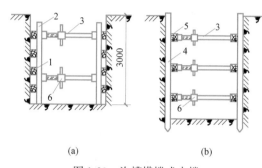

(a)　　　　　　　(b)

图 1-23　沟槽横撑式支撑

(a) 水平挡土板；(b) 垂直挡土板

1—水平挡土板；2—垂直支撑；3—工具式支撑；
4—垂直挡土板；5—水平支撑；6—连接件

1.4.2.1 沟槽支护

市政工程施工时，常需在地下铺设管沟，因此需开挖沟槽。开挖较窄的基坑或沟槽时多采用横撑式支撑，如图 1-23 所示。横撑式支撑根据挡土板的不同，分为水平挡土板式（图 1-23a）和垂直挡土板式（图 1-23b）两类。前者挡土板的布置又分为间断式和连续式两种。湿度小的黏性土挖土深度小于 3m 时，可用间断式水平挡土板支撑；对松散、湿度大的土可用连续式水平挡土板支撑，挖土深度可达 5m；对松散、湿度大的土，挖土深度不限。

1.4.2.2 基坑支护

基坑支护结构一般根据地质条件、基坑开挖深度及对周边环境保护要求可以采取板式支护结构和重力式支护结构等形式。在支护结构的设计与施工中首先要考虑周边环境的保护，其次要满足工程地下结构施工的要求，再则应尽可能降低造价，便于施工。

（1）板式支护结构

板式支护结构由两大系统组成：挡墙系统和支撑（或拉锚）系统。悬臂式支护结构则不设支撑（或拉锚）。

挡墙系统常用的材料有型钢、钢板桩、钢筋混凝土板桩、钢筋混凝土灌注桩、SMW工法和地下连续墙等，少量采用木材。

支撑一般采用大型钢管、H 型钢或格构式钢支撑，也可采用现浇钢筋混凝土支撑。拉锚的材料一般为钢筋、钢索、型钢或土层锚杆。根据基坑开挖的深度及挡墙系统的截面性能可设置一个或多个支点，形成锚撑支护结构。支撑或拉锚与挡墙系统通过围檩、冠梁等连接成整体，详见图 1-24。

板式支护结构的破坏形式如图 1-25 所示。支护结构设计的任务主要是确定板桩入土深度、拉锚（或支撑）强度和板桩刚度。

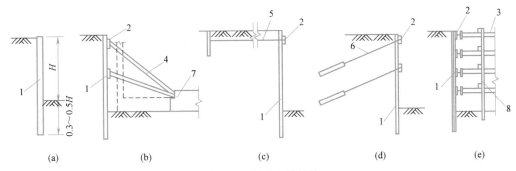

图 1-24 板式支护结构

（a）悬臂式支护结构；（b）简易式支护结构；（c）顶部拉锚式支护结构；

（d）土层锚杆拉锚式支护结构；（e）内撑式支护结构

1—板桩墙；2—围檩；3—钢支撑；4—斜撑；5—拉锚；6—土锚杆；7—先施工的基础；8—竖撑

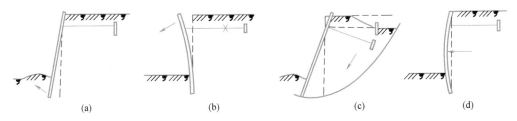

图 1-25 板桩事故

（a）入土深度不足导致板桩下部走动；（b）拉锚强度不足导致板桩倾覆；

（c）拉锚长度、板桩入土深度不足导致整体滑移；（d）刚度不足导致板桩侧向弯曲

（2）重力式支护结构

水泥土重力式支护结构如图 1-26 所示，它通过搅拌桩机将水泥和土强行搅拌，使软土硬结成具有整体性、水稳性和足够强度的水泥加固土，又称为水泥土搅拌桩。用于支护结构的水泥土，其水泥掺量通常为 12%～15%（单位土体的水泥掺量与土的重量之比），水泥土的强度可达 0.8～1.2MPa，其渗透系数很小，故兼有隔水作用。其适用于 4～6m 深的基坑，最大可达 7～8m。

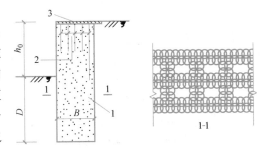

图 1-26 水泥土重力式围护结构

1—水泥土搅拌桩；2—插筋；3—混凝土面层

水泥土围护墙其墙体通常布置成格栅式，格栅的截面置换率（加固土面积/总面积）为 0.6～0.8，墙体宽度 $B=(0.6～0.8)h_0$，墙体插入深度 $D=(0.8～1.2)h_0$。

水泥土重力式围护结构设计主要包括整体稳定性、抗倾覆及抗滑移。

1.4.3 基坑降水

在基坑开挖过程中，当基底低于地下水位时，由于土的含水层被切断，地下水会不断渗入坑内。在雨期施工时，地面水也会不断流入坑内。如果不采取降水措施，把流入基坑内的水及时排走或降低地下水位，一般情况下会使施工条件恶化，特殊情况下地基土被水浸泡、软化后，会造成地基承载力下降，甚至发生边坡塌方。因此，为了保证工程质量和施工安全，在基坑开挖前或开挖过程中，必须采取措施控制地下水位，使地基土在开挖及

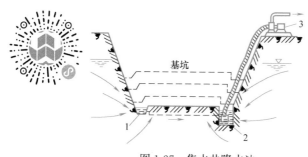

图 1-27　集水井降水法

1—排水沟；2—集水井；3—水泵

基础施工时保持干燥。

降水的方法有集水井降水法和井点降水法。

1.4.3.1　集水井降水法

集水井降水法是在基坑或沟槽开挖时，在坑底设置集水井，并沿坑底的周围或中央开挖排水沟，使水在重力作用下流入集水井内，然后用水泵抽出坑外，如图1-27所示。

四周的排水沟及集水井一般应设置在基础范围以外，地下水流的上游。当基坑面积较大时，可在基础范围内设置盲沟排水。

根据地下水量、基坑平面形状及水泵能力，集水井每隔20～40m设置一个。集水井直径或宽度，一般为0.6～0.8m。其深度随着挖土的加深而加深，要低于挖土面0.7～1.0m，井壁可用竹、木等简易加固。当开挖至设计标高后，集水井底应低于1.0～2.0m，并设置碎石滤水层，以免由于抽水时间过长而将泥砂抽出，并防止坑底土被扰动。

集水井降水法一般适用于降水深度较小且土层为粗粒土层或渗水量小的黏性土层。

集水井降水法简单、经济，对周围影响小，应用较广。但当涌水量较大、水位差较大或土质为细砂、粉砂时，易产生流砂、管涌、坑底隆起和边坡失稳现象。

1.4.3.2　流砂及其防治

当基坑（槽）挖土到地下水位以下，而土质又是细砂和粉砂，则坑（槽）底下面的土会形成流动状态，并随地下水涌入基坑，这种现象叫流砂。流砂可造成边坡塌方、附近建筑物（构筑物）下沉、倾斜和倒塌等。

流砂产生的原因是单位体积颗粒所受的向上动水压力 G_D 大于等于颗粒浸水重度 γ'_w，即：$G_D \geqslant \gamma'_w$，土颗粒处于悬浮状态，土的抗剪强度为零，土颗粒随水流一起流入基坑形成流砂。可见，产生流砂的条件是土层为细砂或粉砂且颗粒较均匀；外因是动水压力 G_D。因此，防治流砂的原则可概括为"治砂先治水"，途径包括减少和平衡动水压力、设法使动水压力的方向向下和截断地下水流。

施工中采取的具体措施包括：

（1）枯水期施工。枯水期地下水位较低，基坑内、外水位差小，动水压力小，就不易产生流砂。

（2）设置止水帷幕法。将连续的止水支护结构（如连续板桩、深层搅拌桩等）打入基坑底面以下一定深度，形成封闭的止水帷幕，从而使地下水只能从支护结构下端向基坑渗流，增加地下水从基坑外流入基坑内的渗流路径，减小水力坡度，从而减小动水压力，防止流砂现象产生。

（3）水下挖土法。平衡动水压力，防止流砂现象产生。

（4）人工降低地下水位法。采用井点降水法（如轻型井点、管井井点和喷射井点等），使地下水位降低至基坑底面以下，地下水的渗流向下，则动水压力方向也向下，从而水不渗流入基坑内，可有效地防止流砂现象的发生。因此，此法应用广泛且较可靠。

（5）抢挖并抛大石块法。分段抢挖土方，使挖土速度超过冒砂速度，在挖至标高后立即铺竹、芦席，并抛大石块，以平衡动水压力，将流砂压住。此法适用于治理局部或轻微的流砂现象。

1.4.3.3 井点降水法

井点降水法是在基坑开挖前，预先在基坑四周埋设一定数量的滤水管（井），利用抽水设备抽水，使地下水位降落在坑底以下，并保持至回填完成或地下结构有足够抗浮能力为止。其优点是：工作面保持干燥，改善施工条件；改变动水压力方向，防止排水引起流砂现象；提高土的强度和密实度。但施工时要注意观察和监测基坑附近土壤的沉降情况，避免邻近建筑物出现沉降、倾斜等事故。

降水方法包括：轻型井点降水、喷射井点降水、电渗井点降水、管井井点降水和深井井点降水。各种方法适用范围如表1-10所示。这里只介绍常用的轻型井点降水。

各种井点适用范围   表1-10

井点类型		土的渗透系数(m/d)	降水深度(m)
轻型井点	一级轻型井点	0.1~50	3~6
	多级轻型井点	0.1~50	视井点级数而定
	喷射井点	0.1~50	8~20
	电渗井点	<0.1	视选用的井点而定
管井类	管井井点	20~200	3~5
	深井井点	10~250	>15

（1）轻型井点设备

① 轻型井点的设备系统如图1-28所示。滤管为进水设备，通常滤管长度为1.0~1.2m、直径为38mm或51mm的无缝钢管，滤眼面积占滤管表面积的20%~50%。

② 井点管为直径38mm或51mm、长5~7m的钢管。井点管的上端用弯联管与总管相连。

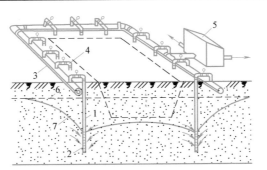

图1-28 轻型井点降水全貌
1—井点管；2—滤管；3—总管；4—弯联管；
5—水泵房；6—原有地下水位线；7—降水后的水位线

③ 集水总管和弯联管为ϕ100~127mm的无缝钢管，总管长4m/节，其上端有与井点管联结的短接头，间距为0.8m或1.2m。

④ 抽水设备采用真空泵（每台负担100~200m）、离心水泵和水气分离器。

（2）轻型井点设计

① 平面布置

根据基坑的形状，轻型井点可采用单排布置、双排布置和环形布置，当土方施工机械需进出基坑时，也可采用U形布置。

降水深度不大于5m、基坑宽度小于6m时采取单排线状井点布置，如图1-29所示；基坑宽度大于6m或土质不良的基坑采取双排线状井点布置；大面积基坑采取环形布置，如图1-30所示。

② 高程布置

高程布置要确定井点管埋深，即滤管上口至总管埋设面的距离，主要考虑降低后地下水位应控制在基坑底面标高以下，保证基底干燥。如图 1-29 和图 1-30 所示，井点管的埋设深度要满足：

$$H \geqslant H_1 + h + IL \tag{1-27}$$

式中　H_1——井点埋设面至坑底距离（m）；

　　　h——坑底至降水后地下水位的距离（m）；

　　　I——水力坡度，环形或 U 形取 1/10；双排布置时取 1/7；单排布置时取 1/4；

　　　L——井点管至基坑中心的距离（单排井点为井点管至基坑对边坡脚的水平距离）（m）。

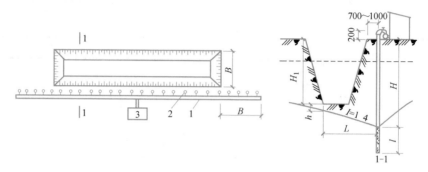

图 1-29　单排线状井点布置

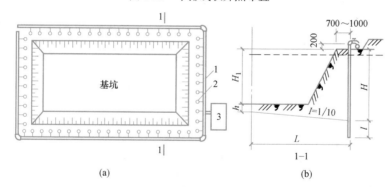

(a)　　　　　　　　　　　　　　(b)

图 1-30　环形井点布置

(a) 平面布置；(b) 高程布置

1—总管；2—井点管；3—泵站

若计算出的 H 值稍大于 6m，应降低总管平面埋置面高度来满足降水深度要求。此外，在确定井点管埋置深度时，还要考虑到井点管的长度一般为 6m，且井点管通常露出地面 0.2～0.3m，在任何情况下，滤管必须埋在含水层内。当一级轻型井点达不到降水深度要求时，可视土质情况先采用其他排水法（如明沟排水法），将基坑开挖至原有地下水位线以下，再安装井点降水装置或采用二级轻型井点降水。

③ 井点系统涌水量（Q）计算

井点系统所需井点的数量，是根据其水量的大小来确定的；而井点系统的涌水量根据水井理论进行计算。水井的类型不同，其涌水量计算的方法亦不相同。当水井井底到达不透水层为完整井，水井井底没到达不透水层为非完整井；地下水承压为承压井，否则为无压井。于是水井分成四类，分别是无压完整井、无压非完整井、承压完整井、承压非完整井，如图 1-31 所示。环形井点无压完整井涌水量计算公式为（其他井型公式请参考有关施工手册）：

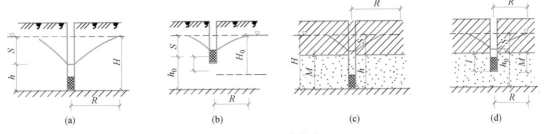

图 1-31　水井分类

(a) 无压完整井；(b) 无压非完整井；(c) 承压完整井；(d) 承压非完整井

$$Q=1.366K\frac{(2H-S)S}{\lg R-\lg x_0} \tag{1-28}$$

式中　Q——井点系统涌水量（m^3/d）；

　　　K——土壤渗透系数（m/d）；

　　　H——含水层厚度（m）；

　　　S——降水深度（m）；

　　　R——抽水影响半径（m），常按下式计算：

$$R=1.95\sqrt{H \cdot K} \tag{1-29}$$

　　　x_0——环状井点系统的假想半径（m），当矩形基坑的长宽比不大于 5 时，可按下式计算：

$$x_0=\sqrt{F/\pi} \tag{1-30}$$

　　　F——环状井点系统所包围的面积（m^2）。

④ 井点管数量（n）计算

确定井点管数量需要先确定单根井点管的出水量 $q(m^3/d)$，这取决于滤管的构造、尺寸及土的渗透系数，按下式计算：

$$q=65\pi dl\sqrt[3]{K} \tag{1-31}$$

式中　d——滤管直径（内径）（m）；

　　　l——滤管长度（m）；

　　　K——土的渗透系数（m/d）。

由此得井点管数量 n 为：

$$n=1.1Q/q \tag{1-32}$$

式中　1.1——备用系数。

⑤ 井点管间距（D）的计算

$$D=L/n \tag{1-33}$$

式中　L——总管长度（m）；

　　　n——井点管数量。

井点管间距还要根据 $5\pi d \leqslant D \leqslant 10\pi d$，以及要与总管接头间距（0.8m、1.2m、

1.6m）相吻合的要求来调整。

⑥ 抽水设备的选择

抽水设备一般都已固定型号，选择的主要设备是真空泵（或射流器）和离心泵。

真空泵常选用干式真空泵，根据集水总管的长度确定型号：总管长度小于100m 时可选用 W_5 型，总管长度小于200m 可选用 W_6 型。

离心泵则要根据流量（1.2Q）、吸水扬程和总扬程选择型号。

⑦ 轻型井点的施工

轻型井点的施工包括准备工作、井点系统的安装、使用及拆除等过程。

轻型井点的准备工作包括井点设备、动力、水源及必要材料的准备，开挖排水沟，降水影响范围内的建筑物、管线等沉降观测点设置以及制定防止附近建筑物、管线沉降的措施等。轻型井点系统安装程序为：总管→井点管→弯联管→抽水设备。

井点管埋设常用冲孔法，如图1-32所示，分为冲孔与埋管两个施工过程。井点系统安装完毕后，需进行试抽，以检查有无漏气现象。降水过程要注意连续抽水，因为停抽会引起附近建筑物由于土粒流失而沉降开裂。正常的排水应是细水长流，出水澄清，如果不出水，或出水一直较浑，或清后又浑，应立即检查纠正。如果有较多井点管发生堵塞，明显影响降水效果时，应逐根用高压水反向冲洗或拔出重埋。

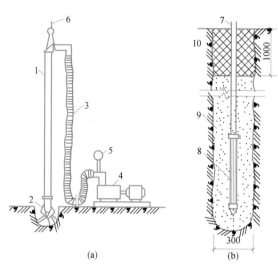

图1-32　井点管的埋设

（a）冲孔；（b）埋管

1—冲管；2—冲嘴；3—胶皮管；4—高压水泵；5—压力表；
6—起重机吊钩；7—井点管；8—滤管；9—填砂；10—黏土封口

在降水过程中，应有专人负责对附近地面及邻近建筑物进行沉降观测，以便发现问题，及时采取防护措施。

地下室或地下结构竣工后，回填土到地下水位线以上，方可拆除井点系统，拔管后所留孔洞应用砂或土填塞。

1.5　填土压实

1.5.1　土料的选择及填土方法

填方土料应符合设计要求，保证填方的强度与稳定性，选择的填料应为强度高、压缩性小、水稳定性好和便于施工的土、石料。如设计无要求时，应符合下列规定：

（1）碎石类土、砂土和爆破石碴（粒径不大于铺土厚度的2/3）可用于表层以下的填料。

（2）含水量符合压实要求的黏性土，可作填土。

（3）碎块草皮、有机质含量大于5%的土，仅用于无压实要求的填方。

（4）淤泥和淤泥质土，一般不能用作填料，但在软土或沼泽地区，经过处理含水量符合压实要求，可用于填方中的次要部位。

（5）含水溶性硫酸盐大于5%的土、膨胀土、冻土不宜用作填方土料。

填方应分层进行，并尽量采用同类土填筑。如采用不同类土填筑时，应将透水性较大的土层置于透水性小的土层之下，不能将各种土混杂一起使用。填土应从最低处开始，由下向上，整个宽度分层铺填、碾压或夯实。

1.5.2 压实方法

如图1-33所示，填土压实的方法有碾压法、夯实法和振动压实法三种。

（1）碾压法：采用平碾、羊足碾或气胎碾碾压，一般用于大面积填土。

（2）夯实法：采用夯实机具（蛙式打夯机、内燃式打夯机等）夯实，多用于小面积填土。

（3）振动压实法：采用振动压实机振动压实，多用于非黏性土大面积压实。

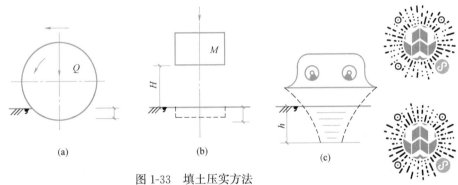

图 1-33　填土压实方法

(a) 碾压；(b) 夯实；(c) 振动压实

1.5.3 影响填土压实的因素

填土压实质量与许多因素有关，其中主要影响因素为：压实功、土的含水量以及每层铺土厚度。

（1）压实功的影响

填土压实后的密度与压实机械在其上所施加的功有一定的关系，若土的含水量一定，则在开始压实时，土的密度急剧增加，到接近土的最大密度时，压实功虽然增加许多，但土的密度变化甚小，如图1-34所示。实际施工中，对不同的土应根据选择的压实机械和密实度要求选择合理的压实遍数，见表1-11。此外，松土不宜用重型碾压机直接滚压，否则土层有强烈起伏现象，效率不高。如果先用轻碾压实，再用重碾压实，就会取得较好效果。

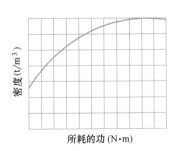

图 1-34　土的密度与压实功的关系

（2）含水量的影响

土的含水量不同，在同样压实功作用下，土的压实质量也不同，如图1-35所示，对应最大干重度的含水量称为最佳含水量。施工时应尽量保证在最佳含水量时压实。

（3）铺土厚度的影响

土在压实功作用下，压应力随深度增加而逐渐减小，如图 1-36 所示，其影响深度与压实机械、土的性质和含水量等有关。铺土厚度应小于压实机械压土时的有效作用深度，而且还应考虑最优土层厚度。铺得过厚，要压实多遍才能达到规定的密实度；铺的过薄，则要增加机械的总压实遍数。最优铺土厚度应能使土方压实而机械功耗费最少。填土的铺土厚度及压实遍数见表 1-11。

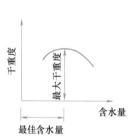

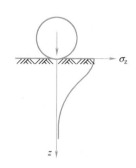

图 1-35　土的含水量对压实质量的影响　　图 1-36　压实作用沿深度的变化

分层铺土厚度和压实遍数

表 1-11

压实机具	每层铺土厚度（mm）	每层压实遍数
平碾	200～300	6～8
羊足碾	200～350	8～12
蛙式打夯机	200～300	3～4
人工打夯	<200	3～4

1.5.4　填土压实的质量检查

填土压实后应达到一定密实度及含水量要求。填土的密实度以压实系数 λ_c 控制。密实度要求一般由设计根据工程结构性质、使用要求以及土的性质确定。例如，砌块承重结构和框架结构，在地基持力层范围内的 λ_c 应不小于 0.97，在地基的持力层范围以下 λ_c 应不小于 0.95。

压实系数为土的控制（实际）干密度 ρ_d 与最大干密度 ρ_{dmax}（最大干密度是在最佳含水量的状态下，通过标准压实方法确定的）的比值，即：

$$\lambda_c = \frac{\rho_d}{\rho_{dmax}} \tag{1-34}$$

ρ_d 可用"环刀法"或灌砂法测定，ρ_{dmax} 则用击实试验确定，取样组数应符合规范的规定。

思　考　题

1-1　土方工程施工的特点是什么？

1-2　土有哪些工程性质？对土方工程施工有何影响？

1-3　确定场地的设计标高应考虑哪些因素？如何确定？

1-4 试述场地平整土方量计算的方法和步骤。

1-5 土方调配应遵循哪些原则?

1-6 试述单斗挖土机的工作特点及适用范围。

1-7 试述影响边坡稳定的因素。

1-8 土壁支护有哪些形式?

1-9 试述流砂产生的原因及防治流砂的途径和方法。

1-10 轻型井点的设备包括哪些?

1-11 试述含水量对填土压实的影响。

1-12 影响填土压实的因素有哪些?

习　题

1-1 某基坑坑底长 50m，宽 32m，深 4m，四面放坡，边坡系数为 0.4，土的可松性系数 $K_s=$ 1.14，$K_s'=1.05$，坑深范围内基础体积为 4000m³。计算应预留多少回填土（松散状态土）? 弃土量为多少?

1-2 设备基础施工，基坑底宽 8m，长 12m，深 4m，土方边坡 1∶0.5，不透水层距地面 9m，地下水位距地面 1.5m，$K=5$，井点管长 6m，直径 51mm，滤管长 1m。试进行轻型井点设计。

1-3 某建筑场地方格网如图 1-37 所示。方格边长为 20m，要求场地排水坡度 $i_x=2‰$，$i_y=3‰$。试按挖填平衡的原则计算各角点的施工高度（不考虑土的可松性影响）。

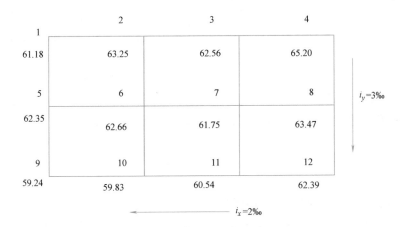

图 1-37　习题 1-3 图

2 桩基础工程

一般建筑物应充分利用地基土层的承载能力，尽量采用浅基础，但若浅层土质不良或高层建筑基础施工中上部传来的荷载较大，浅基础无法满足建筑物对地基变形和强度方面的要求时，则需采用深基础。

深基础主要有桩基础、沉井基础、墩基础和地下连续墙等，其中以桩基础应用最广。深基础可利用深部较好的土层以及深基础周壁的摩阻力来承受上部荷载，因而承载力高、沉降小、稳定性好，但其施工技术复杂、造价高、工期长。

桩基础是一种常用的基础形式，它由桩和承台组成，桩身全部或部分埋入土中，顶部有承台连成一体。

桩基础按照承载性状可分为摩擦型桩和端承型桩。摩擦型桩又可分为摩擦桩和端承摩擦桩。摩擦桩是指在极限承载力状态下，桩顶荷载由桩侧阻力承受，桩端阻力小到可以忽略不计。端承摩擦桩是指在极限承载力下，桩顶荷载主要由桩侧阻力承受。端承型桩又可分为端承桩和摩擦端承桩。端承桩是指在极限承载力状态下，桩顶荷载由桩端阻力承受，桩侧阻力小到可以忽略不计。摩擦端承桩是指在极限承载力状态下，桩顶荷载主要由桩端阻力承受。

桩基础按施工方法的不同，分为预制桩和灌注桩。预制桩是在工厂或施工现场制成的各种材料和形式的桩，然后用沉桩设备将桩打入、压入、振入土中。灌注桩是在桩位上先成孔，然后在孔内灌注混凝土或者加入钢筋再灌注混凝土而形成的桩。

2.1 预制桩施工

预制桩一般有混凝土预制桩和钢桩两种。

钢筋混凝土预制桩能承受较大的荷载、坚固耐久、施工速度快，是广泛应用的桩型之一，但其施工对周围环境影响较大，常用的有混凝土实心方桩和预应力混凝土空心管桩。钢桩主要是钢管桩和 H 型钢桩两种。

2.1.1 钢筋混凝土预制桩的制作、起吊、运输与堆放

2.1.1.1 桩的制作

混凝土预制桩可在工厂或施工现场预制。钢筋混凝土实心桩，断面一般呈方形。桩身截面一般沿桩长不变。实心方桩截面尺寸一般为 200mm×200mm～600mm×600mm。钢筋混凝土实心桩桩身长度：限于桩架高度，现场预制桩的长度一般在 25～30m 以内。限于运输条件，工厂预制桩，桩长一般不超过 12m，否则应分节预制，然后在打桩过程中予以接长，接头不宜超过 3 个。材料要求：钢筋混凝土实心桩所用混凝土的强度等级不宜低于 C30。预制桩纵向钢筋的混凝土保护层厚度不宜小于 30mm。钢筋骨架的主筋连接宜采用对焊和电弧焊，当钢筋直径不小于 20mm 时，宜采用机械接头连接。主筋接头当采

用对焊或电弧焊时，对于受拉钢筋，不得超过 50%，相邻两根主筋接头截面的距离应大于 35d，并不应小于 500mm（图 2-1）。

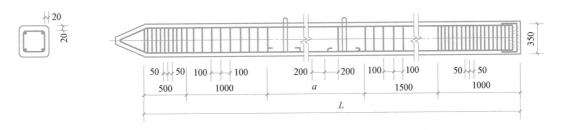

图 2-1　钢筋混凝土预制桩

现场预制方桩多采用叠浇法制作，重叠层数不应超过 4 层。桩与邻桩及底模之间的接触面不得粘连，上层桩或邻桩的浇筑，必须在下层桩或邻桩的混凝土达到设计强度的 30% 以上时方可进行。混凝土预制桩表面应平整、密实。

2.1.1.2　起吊、运输、堆放

预制桩在混凝土达到设计强度的 70% 及以上时，方允许起吊，达到 100% 时才允许运输和打桩。吊（支）点位置的选择要以正负弯矩最小为原则，如图 2-2 所示。桩起吊时应采取相应措施，保证安全平稳，保护桩身质量。

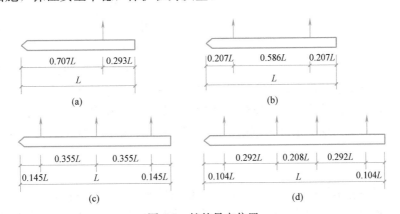

图 2-2　桩的吊点位置
(a) 1 个吊点；(b) 2 个吊点；(c) 3 个吊点；(d) 4 个吊点

预制桩的运输应根据打桩顺序随打随运。运距小时，可采用滚筒、卷扬机托运；运距较大时，可采用平板拖车或轻轨平板车运输。水平运输时，应做到桩身平稳放置，严禁在场地上直接拖拉桩体。

预制桩堆放场地应平整坚实，排水良好。桩应按规格分层叠置，支撑点应设在吊点或近旁处并保持在同一横断面上，各层垫木应上下对齐，并支撑平稳，堆放层数不宜超过 4 层。

2.1.2　预制桩的沉桩

预制桩的沉桩方式主要有锤击沉桩、静力压桩、水冲沉桩和振动沉桩等。

2.1.2.1　锤击沉桩

锤击沉桩是利用桩锤的冲击克服土对桩的阻力，使桩沉到预定深度或达到持力层，这是最常用的一种沉桩方法。

预制桩的打桩设备包括桩锤、桩架和动力设备三部分。其施工过程包括桩架移动和定位、吊桩、打桩、截桩和接桩等。

（1）打桩设备

1）锤击设备

施工中常用的桩锤有落锤、蒸汽锤、柴油锤和液压锤等。

落锤用人力或卷扬机拉起桩锤，然后使其自由下落，利用锤的重力夯击桩顶，使之入土。落锤装置简单，使用方便，费用低，但施工速度慢，效率低，且桩顶易被打坏。落锤适用于施打小直径的钢筋混凝土预制桩或小型钢桩，在软土层中应用较多。

蒸汽锤是利用蒸汽的动力进行锤击。根据其工作情况又可分为单动式汽锤与双动式汽锤。蒸汽锤冲击力较大，无污染，但需配备锅炉设备。适宜于打各种桩，也可在水下打桩并用于拔桩。

柴油锤利用燃油爆炸的能量，推动活塞往复运动产生冲击进行锤击沉桩。柴油锤结构简单、使用方便，不需从外部供应能源。但在过软的土中由于贯入度过大，燃油不易爆发，往往桩锤反跳不起来，会使工作循环中断。另一个缺点是会造成噪声和空气污染等公害，故在城市中施工受到一定限制，其工作原理如图 2-3 所示。

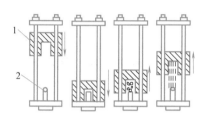

图 2-3　柴油打桩锤的工作原理

1—汽缸；2—喷嘴

液压锤的冲击块通过液压装置提升至预定高度后再快速释放，以自由落体方式打击桩体。液压锤具有很好的工作性能，且无污染、噪声较低，但结构复杂、维修保养的工作量大、价格高。

桩锤的选用应根据地质条件、桩型、桩的密集程度、单桩竖向承载力及现有施工条件等因素确定。

2）桩架和动力设备

桩架的作用是悬吊桩锤、固定桩身，并为桩锤导向，它还能吊桩并可以在小范围内移动桩位。桩架和动力设备的选择应与桩锤配套，常见桩架见图 2-4。桩架是使桩锤能沿着所要求方向冲击的打桩设备。要求其具有较好的稳定性、机动性和灵活性，保证锤击落点准确，并可调整垂直度。桩架高度一般由桩长、桩锤高度、滑轮组高、起锤移位高度、安全工作间隙等共同确定。

动力装置包括驱动桩锤及卷扬机用的动力设备。在选择打桩机具时，应根据地基土壤的性质、工程的大小、桩的种类、施工期限、动力供应条件和现场情况确定。

（2）打桩施工

1）打桩顺序

通常的打桩顺序有逐排打、自中央向边缘、自边缘向中央、分段打等几种方式。确定打桩顺序应遵循以下原则：

① 当桩距大于 4 倍桩径时

打桩顺序对质量影响不大，只从提高效率出发确定打桩顺序，选择倒行和拐弯次数最少的顺序。

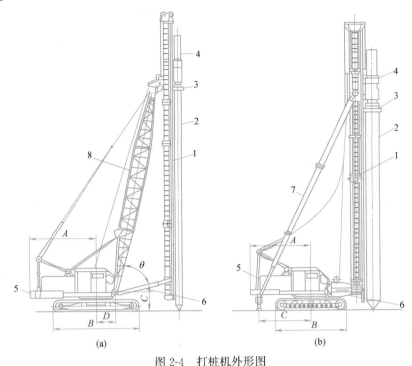

图 2-4 打桩机外形图

(a) 起重机式打桩机；(b) 柴油打桩机

1—立桩；2—桩；3—桩帽；4—桩锤；5—机体；6—支撑；7—斜撑；8—起重杆

② 当桩距小于 4 倍桩径时

在桩距小于 4 倍桩径时，打桩顺序对地下土层挤压状态的影响如图 2-5 所示。由图 2-5 可以看出，打桩顺序不仅对施工效率有影响，而且对施工质量有影响，应根据工程的特点选择自中央向边缘打或分段打。

当一侧毗邻建筑物时，由毗邻建筑物处向另一方向施工。当桩的规格、埋深、长度不同时，宜按先大后小、先深后浅、先长后短、先中间后周边、先密集区域后稀疏区域的顺序施打。当桩头高出地面时，桩机宜往后退打，反之可往前顶打。

2) 打桩方法

沉桩前必须处理空中和地下障碍物，场地应平整，排水应通畅，并应满足打桩所需的地面承载力。

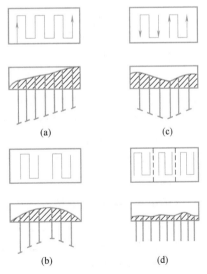

图 2-5 打桩顺序和土壤挤密状况

(a) 逐排打；(b) 自边缘向中央打；

(c) 自中央向边缘打；(d) 分段打

打桩机就位后，将桩锤和桩帽吊起，然后吊桩并送至导杆内，垂直对准桩位缓缓送下插入土中，垂直度偏差不得超过 0.5%，然后固定桩帽和桩锤，使桩、桩锤、桩帽在同一铅垂线上，确保桩能垂直下沉。桩帽或送桩帽与桩周围的间隙应为 5～10mm，锤与桩帽、桩帽与桩之间应加硬木、麻袋、草垫等弹性衬垫。

打桩一般多采用重锤低击，打桩开始时，先以小落距施打，待桩入土至一定深度且稳定后，再按规定的落距锤击。在打桩过程中，遇有贯入度剧变、桩身突然发生倾斜、移位或有严重回弹、桩顶或桩身出现严重裂缝等异常情况时，应暂停打桩，及时研究处理。

如桩顶标高低于自然土面，则需用送桩管将桩送入土中，桩与送桩管的纵轴线应在同一直线上，拔出送桩管后，桩孔及时回填或加盖。

混凝土桩的接桩可用焊接、法兰连接以及机械快速连接（螺纹式、啮合式）三种方法。焊接接桩钢板宜采用低碳钢，焊条宜采用 E43，并应符合现行国家标准《钢结构焊接规范》GB 50661—2011 要求。接桩时下节桩段的桩头宜高出地面 0.5m，且下节桩的桩头宜设导向箍，接桩时上下节桩段应保持顺直，错位偏差不宜大于 2mm，接桩就位纠偏时，不得采用大锤横向敲打。焊接宜在桩四周对称地进行，待上下节桩固定后拆除导向箍再分层施焊。采用机械快速螺纹接桩前应检查桩两端制作的尺寸偏差及连接件，无受损后方可起吊施工，其下节桩端宜高出地面 0.8m，采用专用接头锥度对中，对准上下节桩进行旋紧连接。

3）质量标准和打桩控制

打桩的质量标准包括平面位置及垂直度偏差、贯入度、沉桩标高。当桩端位于一般土层时，应以控制桩端设计标高为主，贯入度为辅。桩端达到坚硬、硬塑的黏性土，中密以上粉土、砂土、碎石类土及风化岩时，应以贯入度控制为主，桩端标高为辅。贯入度已达到设计要求而桩端标高未达到时，应继续锤击 3 阵，每阵 10 击的贯入度不应大于设计规定的数值，必要时，施工控制贯入度应通过试验确定。

当遇到贯入度剧变，桩身突然发生倾斜、位移或有严重回弹、桩顶或桩身出现严重裂缝、破碎等情况时，应暂停打桩，并分析原因，采取相应措施。

2.1.2.2 静力压桩

静力压桩是利用静压力将桩压入土中，施工中虽然仍然存在挤土效应，但无振动和噪声，适用于软弱土层和邻近有怕振动的建（构）筑物的情况。

静力压桩机分为机械式与液压式两种，前者只能用于压桩，后者可以压桩还可拔桩。

（1）机械式压桩机

机械式压桩机是由卷扬机通过钢丝绳滑轮组将桩压入土中，它由底盘、机架和动力装置等几部分组成。

这种桩机是在桩顶部位施加压力，因此，桩架高度必须大于单节桩的长度。此外，由于沉桩阻力较大，卷扬机需通过多个滑轮组方可产生足够的压力将桩压入土中，所以跑头钢丝绳的行走长度很大，作业效率较低。

（2）液压式压桩机

液压式压桩机主要由桩架、液压夹桩器、动力设备及吊桩起重机等组成。它可利用起重机起吊桩体，并通过液压夹桩器把桩的"腰"部夹紧并下压，当压桩力大于沉桩阻力时，桩便被压入土中。

这种桩机采用液压传动，动力大、工作平稳，还可在压桩过程中直接从液压表中读出沉桩压力，故可了解沉桩全过程的压力状况，得知桩的承载力。

压桩一般分节压入，逐段接长。当第一节桩压入土中，其上端距地面 1m 左右时将第二节桩接上，继续压入，此时应尽量缩短停息时间。

如初压时桩身发生较大位移、倾斜；压入过程中桩身突然下沉或倾斜；桩顶混凝土破坏或压桩阻力剧变时，应暂停压桩，及时研究处理。

2.2　灌注桩施工

灌注桩是指在施工现场的桩位上采用机械或人工成孔，然后在孔内灌注混凝土或钢筋混凝土。灌注桩按成孔方式可分为钻孔灌注桩、挖孔灌注桩、套管成孔灌注桩和爆扩成孔灌注桩等。

2.2.1　钻孔灌注桩施工

2.2.1.1　钻孔设备

钻孔灌注桩的成孔设备有螺旋钻机、回转钻机、潜水钻机和冲击钻机。

（1）螺旋钻机

螺旋钻机有全叶螺旋钻机和步履式螺旋钻机（如图 2-6、图 2-7 所示）两种。具有钻头切削、叶片排土、干作业等特点，适用于地下水以上的黏性土成孔，成孔直径一般为 300～500mm，深度 8～12m。

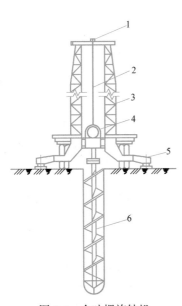

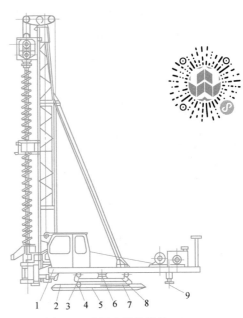

图 2-6　全叶螺旋钻机
1—导向滑轮；2—钢丝绳；3—龙门导架；
4—动力箱；5—千斤顶支腿；6—螺旋钻杆

图 2-7　步履式螺旋钻机
1—上盘；2—下盘；3—回转滚轮；
4—行走滚轮；5—钢丝滑轮；6—回转中心轴；
7—行车油缸；8—中盘；9—支撑轴

螺旋钻机是干作业成孔的常用机械，它是利用动力旋转钻杆，使钻头的螺旋叶片旋转削土，土体沿螺旋叶片上升排出孔外。施工时要求钻杆垂直稳固位置正确，防止钻杆晃动引起孔径扩大。钻孔过程中如发现钻杆摇晃或难钻进时，可能是遇到石块等异物，应立即停机检查，在钻孔时应随时清理孔口积土，遇到塌孔、缩孔等异常情况，应及时研究解决。

（2）回转钻机

回转钻机由机械动力传动，带动置于钻机前端的转盘旋转，方形钻杆通过带方孔的转盘被强制旋转，其下安装钻头钻进成孔。钻头切削土层，切削形成的土渣通过泥浆循环排出桩孔。回转钻机设备性能可靠、噪声和振动较小、钻进效率高、钻孔质量好。适用于松散土层、黏土层、砂砾层等多种地质条件。成孔直径小于1m，成孔深度为20~30m，多用于高层建筑的桩基础施工。

泥浆具有保护孔口、排出土渣、冷却和润滑钻头的作用，根据泥浆循环方式，分为正循环和反循环两种施工方法。前者适用于小直径孔（ϕ<0.8m），后者适用于大直径孔（ϕ>0.8m）。

正循环回转机成孔的工艺如图2-8所示。泥浆由钻杆内部注入，并从钻杆底部喷出，携带钻下的土渣沿孔壁向下流动，由孔口将土渣带出流入沉淀池，经沉淀池的泥浆流入泥浆池再注入钻杆，由此进行循环。具有设备简单、操作方便、小孔径效率较高等优点，但泥浆反流速度低，排渣能力较弱。

反循环回转钻机成孔的工艺如图2-9所示。泥浆由钻杆与孔壁间的环状间隙流入桩孔，然后，由砂石泵在钻杆内形成真空，使钻下的土渣由钻杆内腔吸出至地面而流向沉淀池，沉淀后再流入泥浆池。反循环工艺的泥浆返流速度较快，排吸土渣的能力强，是目前大直径桩成孔的有效先进施工方法。

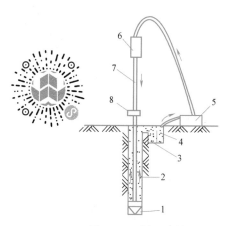

图2-8 正循环工艺原理

1—钻头；2—泥浆循环方向；3—沉淀池；4—泥浆池；
5—泥浆泵；6—水龙头；7—钻杆；8—回转装置

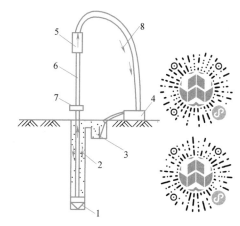

图2-9 反循环工艺原理

1—钻头；2—新泥浆流向；3—沉淀池；4—砂石泵；
5—水龙头；6—钻杆；7—回转装置；8—混合液流向

（3）潜水钻机

潜水钻机的成孔机理与回转钻机相同，但动力、变速机构、钻头连在一起，加以密封，下放至孔中地下水位以下进行切削土壤成孔，如图2-10所示。其泥浆循环方式也可以分为正循环和反循环两种。适用于地下水位较高的一般黏性土、淤泥质土及砂土中成孔，成孔直径可达0.8m，成孔深度可达50m。

（4）冲击钻机

冲击钻机如图 2-11 所示，成孔时将冲锥式钻头提升到一定高度以自由下落的冲击力来破碎岩层，用掏渣筒来掏取孔内的碎渣，然后再灌注混凝土成桩。适用于黄土、黏性土或粉质黏土和人工杂填土，特别适于在有孤石的砂砾石层、漂石层、坚硬土层、岩层中使用，对流砂层亦可克服，但对淤泥及淤泥质土，则要十分慎重，对地下水丰富的土层，会使桩端承载力和摩阻力大幅度降低，不宜使用。

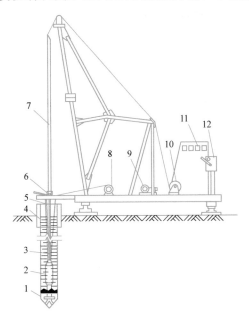

图 2-10　潜水钻机

1—钻头；2—潜水钻机；3—电缆；4—护筒；
5—水管；6—滚轮；7—钻杆；8—电缆盘；
9、10—卷扬机；11—电压表；12—开关

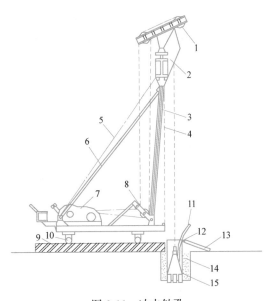

图 2-11　冲击钻孔

1—副滑轮；2—主滑轮；3—主杆；4—前拉索；
5—后拉索；6—斜撑；7—卷扬机；8—导向轮；
9—垫木；10—钢管；11—供浆管；12—溢流口；
13—泥浆流槽；14—护筒回填土；15—钻头

2.2.1.2　施工过程

以泥浆护壁钻孔灌注桩为例介绍施工过程，如图 2-12 所示。泥浆护壁钻孔灌注桩是利用泥浆护壁，钻孔时通过循环泥浆将钻头切削下的土渣排出孔外而成孔，而后吊放钢筋笼，水下灌注混凝土而成桩。

2.2.2　挖孔灌注桩施工

大直径桩（1～5m）由于受到钻孔设备的限制，往往采用挖孔灌注桩。挖孔灌注桩主要施工过程包括挖孔（挖土、运土）、辅助工程（支护、降水、通风）和钢筋混凝土工程。

挖孔灌注桩的支护方法包括钢筋混凝土护圈（图 2-13）、沉井护圈和钢套管护圈。其中钢筋混凝土护圈适用于无涌水或有涌水但可通过排降水方法排除工作面涌水的土层；沉井护圈适合于强透水层；而钢套管护圈也主要用于强透水层。

2.2.3　套管成孔灌注桩施工

套管成孔灌注桩又称打拔管灌注桩，有振动沉管灌注桩和锤击沉管灌注桩两种，主要应用于可塑、软塑、流塑的黏性土，稍密及松散的砂土。

振动沉管灌注桩施工时利用振动桩锤将钢套管沉入土中，其主要施工设备如图 2-14 所示，主要施工过程如图 2-15 所示。锤击沉管灌注桩施工时，利用落锤或蒸汽锤将钢套管沉入土中成孔。打入钢管下端的桩靴有钢筋混凝土桩靴和钢活瓣桩靴两种形式，如图 2-16 所示。套管成孔灌注桩根据土质情况和荷载要求，有三种工艺形式：单打法、复打法和反插法。所谓单打法即一次拔管法。拔管时每提升 0.5～1.0m，振动 5～10s 后，再拔管 0.5～1.0m，如此反复进行，直到全部拔出为止；复打法即在同一桩孔内进行两次单打，或根据要求进行局部复打，如图 2-17 所示；反插法就是钢管每提升 0.5m，再下沉 0.3m（或提升 1m，下沉 0.5m），如此反复进行，直到全部拔出为止。

拔管时，应根据土质条件控制拔管速度，一般约 1m/min。一次拔管高度控制在 0.5～1m 左右，振动时间为 5～10s。管内混凝土第一次尽量灌满，分段添加混凝土应使管内混凝土量大于 2m。

套管成孔灌注桩常出现如下施工质量问题：

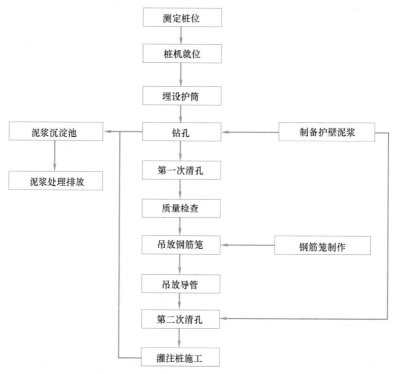

图 2-12　泥浆护壁成孔灌注桩施工程序

图 2-13　混凝土墩身施工

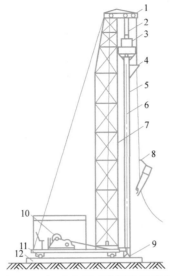

图 2-14　振动套管成孔灌注桩设备

1—导向滑轮；2—滑轮组；3—振动桩锤；4—混凝土漏斗；5—桩管；6—加压钢丝绳；
7—桩架；8—混凝土吊斗；9—活瓣桩靴；10—卷扬机；11—行驶用钢管；12—枕木

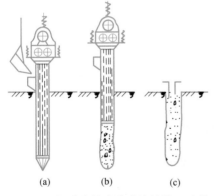

图 2-15　振动套管成孔灌注桩施工过程

（a）沉管后浇筑混凝土；（b）拔管；（c）插入钢筋

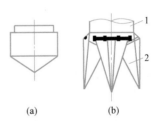

图 2-16　桩靴示意图

（a）钢筋混凝土桩靴；（b）钢活瓣桩靴

1—桩管；2—活瓣

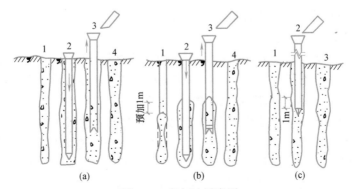

图 2-17　复打法示意图

（a）全部复打；（b）、（c）局部复打

1—单打桩；2—沉管；3—第二次浇筑混凝土；4—复打桩

（1）断桩：桩身混凝土强度不足，桩距过小，受邻桩打管时挤压所致。因此当桩距小于 3.5 倍桩径时，为避免断桩可采用跳打法或间隔时间打桩法。

（2）缩颈：在饱和淤泥质土中拔管速度快或混凝土流动性差，或混凝土装入量少，使混凝土出管扩散性差，空隙水压大，挤向新浇混凝土，导致桩径截面缩小。施工时要保证混凝土连续浇筑，管内混凝土保持在 2m 以上，同时要控制拔管速度。

（3）吊脚桩：由于桩靴强度不够，打管时被打坏，水或泥砂进入套管；或活瓣未及时张开，导致桩底部隔空。为避免吊脚桩，可采取慢拔密振方法，或第一次拔管时多反插几次。

（4）有隔层：骨料粒径大、混凝土和易性差或拔管速度快，导致泥砂进入使桩身不连续。解决隔层问题一是提高混凝土的流动性，二是在施工工艺上采取慢拔密振和控制拔管速度等方法加以解决。上述问题严重时，可拔出管桩，填砂重打。

2.2.4 爆扩桩

爆扩桩就是利用爆破的方法使土壤压缩，形成桩孔和扩大头，适用于在黏土中成孔，其主要施工过程如图 2-18 所示。

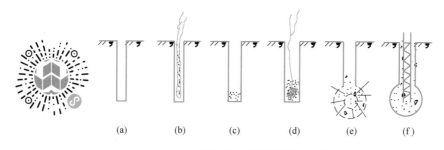

图 2-18 爆扩桩施工工艺

（a）钻导管；（b）放入炸药管；（c）炸扩桩孔；（d）放入炸药包，并灌入扩大头体积 50% 的混凝土；
（e）炸扩大头；（f）放入钢筋骨架并浇筑混凝土

爆扩桩在施工时，首先应根据土的类别和桩身直径确定桩孔爆破时的装药量，再根据扩大头直径确定爆破时的装药量。爆破时第一次混凝土的灌入量为 2～3m 桩孔深或扩大头体积的 50%。

爆扩桩的引爆顺序应遵循先浅后深的原则。

2.2.5 水域灌注桩施工

在桥梁、港口、码头等水域的构筑物或建筑物，常把钻孔桩作为基础的主要结构形式。

水域施工场地根据建筑方法的不同有围堰筑岛施工场地和水域工作平台。围堰筑岛的方法适用于水浅、流速缓、河床不透水的情况（见图 2-19、图 2-20）。

水域工作平台主要有船式工作平台和支架式工作平台。船式工作平台按其结构形式不同可分为航式单体船工作平台、航式双体船工作平台和托船式双体船工作平台三种。单体船工作平台结构简单，移动方便，工作面积小，适用于桩少且分布范围广的桩基施工。航式双体船工作平台由两个单体船工作平台拼装而成，结构简单，移动方便，工作面积较大，适用范围较广。托船式双体船工作平台由两艘不能自航的拖船拼装而成，靠另外的船舶托航，是近岸水域常采用的形式（图 2-21）。拼装成的平台应具有足够的稳定性，其拼

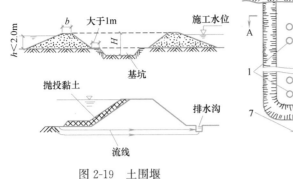

图 2-19　土围堰

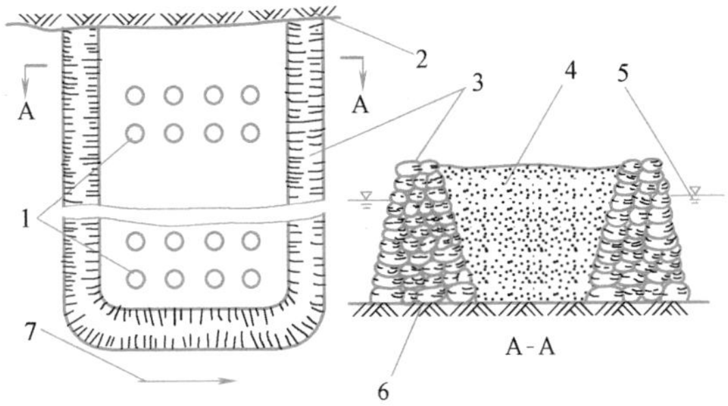

图 2-20　草麻袋围堰筑岛

1—桩孔；2—河岸；3—围堰；4—填芯砂土；
5—常水位；6—河床；7—水流方向

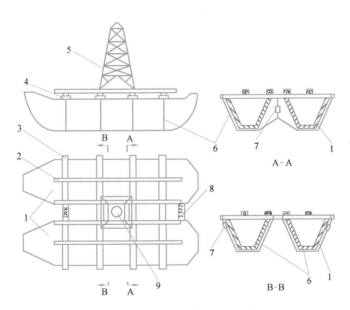

图 2-21　拖船式双体船工作平台

1—船体；2—基台木；3—横梁；4—船舷木垫；5—塔架；
6—钢丝绳；7—紧绳器；8—横撑木；9—桩孔

装距离应根据桩孔直径、桩位布置和打桩设备安装尺寸综合确定。一般拼装后的平台每次定位仅可施工一个桩孔。若桩孔集中且呈直线排列，每次可施工数根桩，如图 2-22 所示。

支架式工作平台是在待施工的桩位水域处，用露出水面的桩作为支架桩，再用钢梁或其他构件牢固连接，成为平台支架。在支架上布设纵、横梁和地板等设施，从而形成了支架平台，如图 2-23 所示。

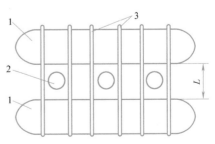

图 2-22　桩孔集中时船的拼装架设

1—浮船；2—桩孔；3—拼装梁

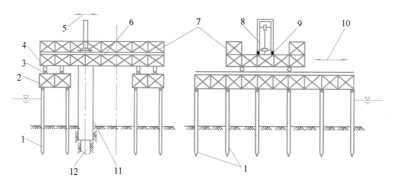

图 2-23 支架式活动工作平台

1—支架；2—固定工作平台；3—活动平台轨道；4—平台滚轮；5—钻机移动方向；6—钻机轨道；
7—活动工作平台；8—钻机；9—钻机滚轮；10—活动工作平台移动方向；11—护筒；12—桩孔

思 考 题

2-1　预制混凝土桩的制作、起吊、运输与堆放有哪些基本要求？

2-2　预制桩制作质量有哪些要求？

2-3　预制桩沉桩有哪些方法？各有何特点？

2-4　泥浆护壁钻孔灌注桩是如何施工的？泥浆有何作用？泥浆循环有哪两种方式，其效果如何？

2-5　预制桩和灌注桩有哪些特点？

2-6　简述锤击沉桩的质量控制。

2-7　桩架的作用有哪些？

2-8　试述套管成孔灌注桩的施工工艺。复打法应注意哪些问题？

3　砌筑工程

砌筑施工是土木工程施工中的重要部分，主要应用在以砖和砌块为主体的混合结构和框架、剪力墙等结构的围护结构以及桥梁墩台施工中。

3.1　砌筑材料

3.1.1　砌筑块体

常用的块体包括各种砖和砌块，主要有以下几种，见表3-1。

表 3-1

常用砌筑块材表

种类		制作方法	规格（mm）	强度等级
烧结普通砖		以黏土、页岩、煤矸石或粉煤灰为主要原料，经焙烧而成	240×115×53	MU30、MU25、MU20、MU15、MU10
烧结多孔砖		以黏土、页岩、煤矸石或粉煤灰为主要原料，焙烧而成	代号 M：190×190×90 代号 P：240×115×90	
蒸压粉煤灰砖		以粉煤灰、石灰为主要原料，掺加适量石膏和集料，经坯料制备、压制成型、高压蒸汽养护而成	240×115×53	MU25、MU20、MU15、MU10
蒸压灰砂砖		以石灰和砂为主要原料，经坯料制备、压制成型、蒸压养护而成	240×115×53	
小型混凝土空心砌块		以水泥、砂、石和水制成，有竖向方孔	390×190×190	MU20、MU15、MU10、MU7.5、MU5
轻集料混凝土砌块	煤矸石混凝土空心砌块	以水泥为胶结材料，煤矸石为粗细骨料，搅拌振动成型、养护而成	390×190×190	MU20、MU15、MU10、MU7.5、MU5
	水泥煤渣混凝土空心砌块	以水泥为胶结材料，煤渣为骨料，搅拌振动成型、养护而成		
	火山灰、浮石和陶粒混凝土空心砌块	以水泥为胶结材料，黏土陶粒、浮石、粉煤灰等为粗细骨料，搅拌振动成型、养护而成的各种砌块	390×190×190	MU10、MU7.5、MU5

3.1.2　砌筑砂浆

块体砌筑中常用的砌筑砂浆有水泥砂浆、掺有石灰膏的水泥混合砂浆、粉煤灰水泥砂浆和粉煤灰混合砂浆等。砂浆的组成材料主要有水泥、石灰、砂和水等，应满足表 3-2 的技术要求。

砂浆组成材料技术要求 表 3-2

材料名称	技术要求
水泥	品种应根据试验配合比选择，以重量计量配料
石灰	用网过滤并充分熟化，严禁使用脱水硬化的石灰膏。加白灰膏，熟化时间不得少于 7d
砂	宜采用中砂，并应过筛。大于等于 M5 的水泥混合砂浆，含泥量不应超过 5%，小于 M5 的水泥混合砂浆，含泥量不应超过 10%
水	宜采用饮用水，其他水质必须符合《混凝土用水标准》JGJ 63—2006 的规定

砌筑砂浆的配合比应按试验确定，并严格执行。配制砂浆应采用重量比，计量要准确。砌筑砂浆应采用机械拌合，自投料完算起，搅拌时间不得少于 2min。拌制完成的砌筑砂浆应具有良好的和易性，硬化后具有一定的强度和粘结力。

3.2 普通黏土砖砌筑施工

3.2.1 组砌方式

普通黏土砖墙体组砌原则是上下错缝、内外搭砌、避免垂直通缝和包心砌法，120 墙采用全顺砌筑；240 墙、370 墙采用一顺一丁、梅花丁、三顺一丁砌筑；490 墙采用一顺一丁等砌筑形式。图 3-1 所示即为常见的砖墙组砌方式。

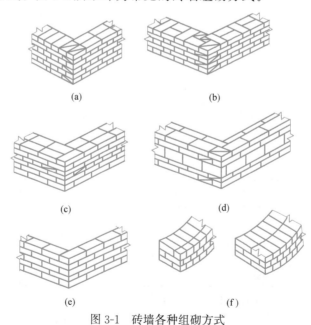

图 3-1 砖墙各种组砌方式

（a）一顺一丁；（b）梅花丁；（c）三顺一丁；（d）两平一侧；（e）全顺；（f）全丁

3.2.2 砌筑工艺

砌筑墙体的施工过程有抄平、放线、摆砖样、立皮数杆、盘角、挂线和砌筑等。

（1）抄平：在基础顶面或楼面上定出各层标高，用水泥砂浆或细石混凝土找平。

（2）放线：根据龙门板上标志，弹出墙身轴线、边线，划出门窗位置。

（3）摆砖样：在放好线的基面上按选定的组砌方式试摆。其目的是核对门窗洞口、附墙垛等处是否符合砖的模数，以减少砍砖。

（4）立皮数杆：皮数杆上标明皮数和竖向构造的变化部位。一般设置在房屋的转角处、内外墙交接处、楼梯间以及洞口多的地方（图3-2）。

（5）盘角：所谓盘角就是对照皮数杆的砖层和标高，先砌墙角。每次盘角砌筑的高度宜为3～5皮砖，并应及时吊靠，发现偏差及时修整。

（6）挂线：根据盘角将准线挂在墙侧，作为中间部分墙身砌筑的依据。每砌一皮或两皮，准线向上移动一次。砌筑一砖厚及以下，一般采用单面挂线；砌筑一砖半厚及以上，必须双面挂线。砌筑过程中应三皮一吊、五皮一靠，保证墙面垂直平整。

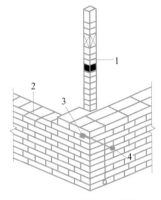

图3-2 皮数杆示意图
1—皮数杆；2—准线；
3—竹片；4—圆钉

（7）砌筑：常用砌筑方法是"三一"砌筑法，即一铲灰、一块砖、一挤揉。其优点是砂浆饱满、粘结力好、墙面整洁。一般转角和交接处必须同时砌起，如不能同时砌起而必须留槎时，应留斜槎（图3-3）。如留斜槎确有困难，除转角外，可留直槎（图3-4）。

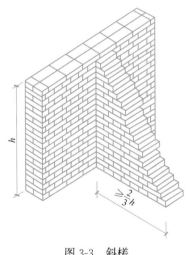

图3-3 斜槎

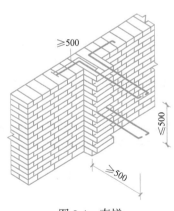

图3-4 直槎

砖砌体施工的原材料应符合质量要求，为保证砖砌体的砌筑质量良好，要做到灰缝横平竖直、砂浆饱满、厚度均匀、上下错缝、内外搭砌、接槎可靠、墙面垂直，质量应符合《砌体工程施工质量验收规范》GB 50203—2015的要求。

为了提高多层砖砌体房屋的抗震性能，设置钢筋混凝土构造柱是一种有效的措施。构造柱一般最小截面为240mm×240mm，竖向配筋一般为4Φ12，箍筋直径为4～6mm，间距不大于250mm，上下两端加密区箍筋间距不宜大于100mm。

砖墙和构造柱沿墙高每隔500mm应设置2根直径6mm的水平拉结筋和直径4mm的

分布短筋平面内点焊组成的拉结网片或钢筋网片。构造柱混凝土宜在每层房屋墙体砌筑完成后浇筑，为了保证构造柱混凝土和砌体的有效连接，砖墙与构造柱交接处应留设马牙槎。从每层柱角开始，马牙槎先退后进。

3.3 特殊砖砌体施工

特殊砖主要包括烧结多孔砖和烧结空心砖，其施工工艺与普通黏土砖有所不同。

3.3.1 烧结多孔砖施工

3.3.1.1 组砌方式

代号为 M 的多孔砖砌筑形式只有全顺（图 3-5），代号为 P 的多孔砖的砌筑方式有一顺一丁和梅花丁两种（图 3-6）。

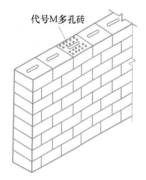

图 3-5 代号为 M 多孔砖组砌

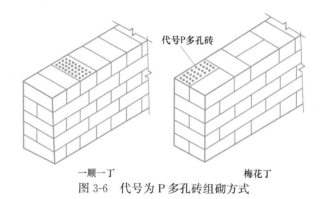

一顺一丁　　　　　　梅花丁

图 3-6 代号为 P 多孔砖组砌方式

3.3.1.2 施工工艺

多孔砖在施工时，抓孔应平行于墙面，保证墙体的受压性能。宜采用"三一"砌砖法，并做到灰缝横平竖直。水平灰缝砂浆饱满度不得小于 80%；竖缝应采用刮浆法，不得出现透明缝。

多孔砖的转角和交接处应同时砌筑，当不能同时砌筑而又必须留置的临时间断处应砌成斜槎，其留设方法如图 3-7 所示。

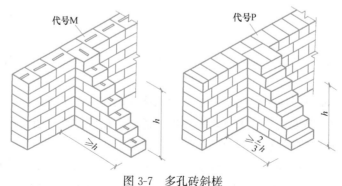

图 3-7 多孔砖斜槎

3.3.2 烧结空心砖施工

烧结空心砖墙体厚度应等于空心砖厚度，其组砌方式如无特殊要求，一般采用全顺侧砌。

空心砖砌筑宜采用刮浆法，灰缝应横平竖直，宽度适宜。水平灰缝砂浆饱满度不得小于80%，竖缝不得出现透明缝。

受砖墙尺寸限制，不能整砖砌筑时，应采用无齿锯制作非整块砖，不得采用砍凿的方法。空心砖应同时砌筑，不得留设斜槎。

3.4 砌块施工

砌块包括混凝土空心砌块、粉煤灰砌块和加气混凝土砌块等。

3.4.1 混凝土空心砌块施工

3.4.1.1 组砌方式

混凝土空心砌块采用全顺砌筑，砌块空洞上下相互对准，如图3-8所示。

3.4.1.2 施工工艺

混凝土空心砌块砌筑时，应遵守"反砌"规则，砌块底面朝上，灰缝应横平竖直，宽度适宜。水平灰缝砂浆饱满度不得低于90%，竖缝不得出现透明缝，砂浆饱满度不低于80%。

空心砌块墙在转角处、T字交接处应做到砌块搭接得当（图3-9），且应同时砌起，否则宜留斜槎。

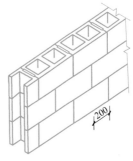

图3-8 混凝土空心砌块墙的砌筑形式

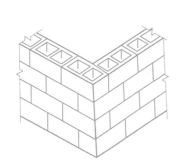

图3-9 空心砌块墙体转角和T字交接处组砌

3.4.2 粉煤灰砌块施工

粉煤灰砌块墙体厚度应等于砌块厚度，组砌方式只有全顺一种（图3-10）。粉煤灰砌块应采用水泥混合砂浆砌筑。灰缝应横平竖直，宽度适宜，砂浆饱满。砌块墙在转角处、T字交接处应做到砌块搭接得当，防止通缝（图3-11）。

3.4.3 加气混凝土砌块施工

加气混凝土砌块墙体厚度应等于砌块厚度，组砌方式只有全顺一种。上下皮错开不小于砌块长度的1/3，否则应在水平灰缝中加设钢筋网片（图3-12）。

加气混凝土砌块砌筑时，应向砌筑面浇水，以保证灰缝横平竖直，砂浆饱满。墙体转角处和T字交接处，应交接可靠，不得出现通缝（图3-13）。

3.4.4 中小型砌块的吊装工艺

中小型砌块一般多采用专用设备吊装砌筑，如起重机、井架以及台灵架等。吊装前应做好砌块排列图，做到不镶砖或少镶砖。砌块排列时，应注意墙体尺寸、门窗过梁位置、楼梯位置等，以便合理使用砌块。如图 3-14 所示为层高 3m 的混凝土空心砌块建筑的砌块排列图，基本做到了不镶砖。

吊装的方案有两种：一是以塔式起重机运输砌块、砂浆和楼板等，用台灵架吊装砌块。二是用井架进行垂直运输，用砌块车作水平运输，用台灵架吊装砌块。其中第二种方案为工程上常用的方法，如图 3-15 所示。

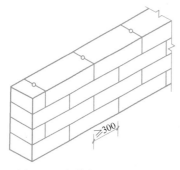

图 3-10　粉煤灰砌块组砌方式

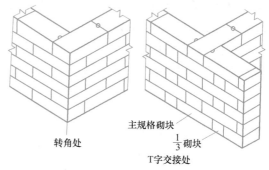

图 3-11　粉煤灰砌块转角处及交接处砌法

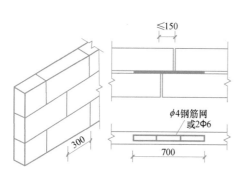

图 3-12　加气混凝土墙砌筑

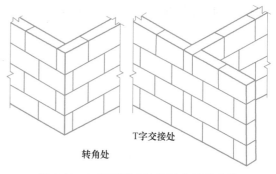

图 3-13　加气混凝土砌块转角处及交接

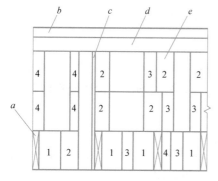

图 3-14　纵墙混凝土砌块排列图

a—空心砌块顶砌；b—楼板；c—立柱；
d—圈梁；e—空心砌块顺砌

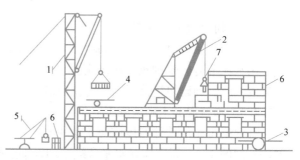

图 3-15　砌块吊装方案

1—井架；2—台灵架；3—杠杆车；4—砌块车；
5—少先吊；6—砌块；7—砌块夹

思 考 题

3-1 试述砌筑砂浆的类型及各自的用途。

3-2 砖墙砌体主要有哪几种砌筑形式？各有何特点？

3-3 简述砖砌体施工工艺。

3-4 什么是皮数杆？皮数杆有何作用？如何布置？

3-5 砖砌体砌筑质量有何要求？

3-6 砌块施工有何特点？

4 钢筋混凝土工程

钢筋混凝土构件是土木工程中最基本的构件形式,广泛应用于工业与民用建筑、桥梁、道路、地下工程等。钢筋混凝土工程具有耐久性、耐火性、整体性、可塑性好,节约钢材,可就地取材等优点,工程中应用极为广泛。但也存在自重大、抗裂性差、现场浇捣受季节气候条件限制、补强修复较困难等缺点。随着科技的发展,混凝土强度等级的不断提高,高强度钢材的生产应用,混凝土施工工艺的不断改进和发展,新材料、新工艺和新技术的不断出现,上述缺点正逐步得到改善,使得混凝土的应用领域不断扩大。

钢筋混凝土工程有预制装配式钢筋混凝土工程、现浇钢筋混凝土工程和预应力混凝土工程。预制装配式钢筋混凝土工程工厂化生产,现场装配,施工速度快,但结构整体性差。现浇钢筋混凝土工程现场施工,劳动强度大,但整体抗震性好。预应力混凝土与普通混凝土相比,具有抗裂性好、刚度大、材料省、自重轻、结构寿命长等优点,为建造大跨结构创造了条件。近些年来,随着模板施工新工艺的出现和施工设备的不断完善,现浇混凝土工程获得了较好的技术经济效果,预应力混凝土也已由单个预应力混凝土构件发展到整体预应力结构,广泛应用于土木工程各个领域。

4.1 钢筋工程

在钢筋混凝土施工中,钢筋工程是隐蔽工程,钢筋及其加工质量对结构质量至关重要。目前,我国大力推广应用高强钢筋以实现用钢减量化。采用高强钢筋,可以减少钢筋用量,改善钢筋密集的现状,有利于混凝土的浇捣。相关资料表明,高层或大跨度建筑中应用高强钢筋可节省钢筋用量约 30%,效果显著。

《混凝土结构设计规范》GB 50010—2010(2015 版)4.2.1 条文规定,混凝土结构的钢筋应按下列规定选用:

(1)纵向受力普通钢筋可采用 HRB400、HRB500、HRBF400、HRBF500、HRB335、RRB400、HPB300 级钢筋;梁、柱和斜撑构件的纵向受力普通钢筋宜采用 HRB400、HRB500、HRBF400、HRBF500 级钢筋。

(2)箍筋宜采用 HRB400、HRBF400、HRB335、HPB300、HRB500、HRBF500 级钢筋。

(3)预应力筋宜采用预应力钢丝、钢绞丝和预应力螺纹钢筋。

4.1.1 钢筋加工

近年来,我国强度高、性能好的预应力钢筋(钢丝、钢绞线)可充分供应,故冷加工(如冷拉、冷拔)钢筋已不再列入《混凝土结构设计规范》GB 50010—2010(2015 版)。钢筋加工工艺主要包括调直、除锈、弯曲、剪断等。

1. 钢筋调直

钢筋的调直是指除了规定的弯曲外，其直线段不允许有弯曲现象，主要目的是为了保证钢筋在构件中正常受力、有利于钢筋准确下料和钢筋成型。钢筋的调直方法主要有锤直、调直机调直和冷拉调直等。采用冷拉方法调直钢筋时，应注意冷拉率：热轧光圆钢筋冷拉率不宜大于 4%，热轧带肋钢筋的冷拉率不宜大于 1%。调直后的钢筋应平直，局部不弯折。

2. 钢筋除锈

钢筋加工前应将表面清除干净，表面不能有颗粒状、片状老锈或有损伤，否则不得使用。钢筋除锈可采用钢丝刷除锈、喷砂除锈和酸洗除锈等方法，一般调直机调直的钢筋不必再除锈。除锈后的钢筋应尽快使用。

3. 钢筋弯曲

钢筋弯曲是保证钢筋成型的形状、几何尺寸准确的重要环节。钢筋弯曲成型必须符合相关技术规范和设计要求，确保钢筋成型质量，可采用手动扳手弯曲和钢筋弯曲机弯曲等方法。钢筋弯曲应按弯曲设备的特点进行划线。钢筋弯曲前，对形状复杂的钢筋，如弯起钢筋，根据钢筋料牌上标明的尺寸，将各弯曲点位置用石笔划出。划线时应根据不同的弯曲角度扣除弯曲调整值，即从相邻两段长度中各扣一半；钢筋端部带半圆弯钩时，该段长度划线时增加 $0.5d$（d 为钢筋直径）；划线工作宜从钢筋中线开始向两边进行；两边不对称的钢筋，也可从钢筋一端开始划线，如划到另一端有出入时，则应重新调整。

4. 钢筋剪断

钢筋剪断的方法有钢筋剪断机、手动切断器（$<\phi 12\text{mm}$）和气割等。钢筋剪断之前，应根据施工图计算钢筋下料长度，即钢筋的配料。

设计图纸注明的钢筋尺寸是外包尺寸（轮廓尺寸），而钢筋下料量取的是钢筋的轴线尺寸，两者的关系为：

$$\text{轴线尺寸}=\text{外包尺寸}+\text{端部弯钩增长值}-\text{弯曲部分量度差}$$

如图 4-1 所示，一般弯钩部分弯曲直径 $D=2.25d$，平直段长度 $3d$，则半圆端部弯钩增长值为：

$$3d+3.5\pi d/2-2.25d=6.25d \tag{4-1}$$

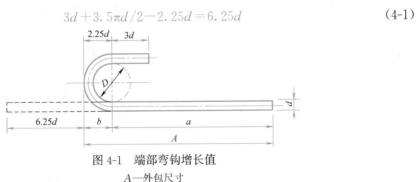

图 4-1 端部弯钩增长值

A—外包尺寸

弯曲部分量度差与弯曲角度有关，如图 4-2 所示，一般弯曲直径取 $D=5d$，当弯曲角度 90°时的量度差为：量度差＝外包尺寸－轴线尺寸＝$(A+B)-(a+b+\text{弧长})\approx 2d$。其他弯曲角度量度差见表 4-1。

【例 4-1】 如图 4-3 所示，$\phi 20$ 钢筋，计算其下料长度。

【解】

$$L = 4600 + 2 \times 570 + 2 \times 420 + 2 \times 6.25 \times 20 - 4 \times 0.5 \times 20$$
$$= 6790\text{mm}$$

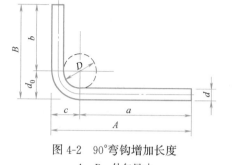

图 4-2　90°弯钩增加长度
A、B—外包尺寸

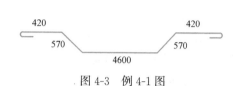

图 4-3　例 4-1 图

各角度弯曲部分量度差　　　　　　　　　　　　　　表 4-1

30°	45°	60°	90°	135°
0.35d	0.5d	0.85d	2d	2.5d

4.1.2　钢筋连接

钢筋的连接方式应根据设计要求和施工条件选用。钢筋连接通常有三种形式：焊接、绑扎搭接和机械连接。

钢筋接头是钢筋受力时的薄弱环节，接头的设置应符合以下要求：钢筋的接头宜设置在受力较小处；有抗震设防要求的结构中，梁端、柱端箍筋加密区范围内不宜设置接头，且不应进行钢筋搭接；同一纵向受力钢筋不宜设置两个或两个以上的接头等。

4.1.2.1　焊接

焊接就是通过加压（压力焊）或加热熔化（熔焊）使钢筋之间形成原子结合。焊接的质量与钢材的可焊性有关系。钢材的可焊性与碳元素及一些合金元素的含量有关，碳、锰元素含量增加会使可焊性降低，而适当的钛元素含量则会改善钢材的可焊性。

钢筋焊接质量检验应符合行业标准。常用的焊接方法有对焊、点焊、电弧焊、电渣压力焊和气压焊。

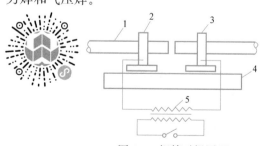

图 4-4　钢筋对焊原理
1—钢筋；2—固定电极夹钳；
3—活动电极夹钳；4—工作台；5—变压器

1. 对焊

对焊是熔焊的一种，焊接质量好、工效高，主要用于粗钢筋的接长。钢筋对焊是在对焊机上进行的，需对焊的钢筋分别固定在对焊机的两个电极上，通以低电压的强电流，先使钢筋端面轻微接触，电路贯通，金属熔化，火花飞溅，然后加压顶锻，使两钢筋连为一体，接头冷却后便形成对焊接头，其工作原理如图 4-4 所示。

2. 点焊

点焊指将两钢筋安放成交叉叠接形式，压紧于两电极之间，利用电阻热熔化母材金属，加压形成焊点的一种压力焊方法（图4-5），用于钢筋骨架或钢筋网交叉钢筋的连接。利用点焊机进行交叉钢筋的焊接，代替人工绑扎，成型为钢筋网片或骨架，具有工效高、节约劳动力、成品整体性好、节约材料、降低成本等优点。

3. 电弧焊

电弧焊利用弧焊机在焊条和焊件之间产生高温电弧（焊条与焊件之间空气介质出现的强烈持久的放电现象），使得焊条和电弧燃烧范围内的金属焊件很快熔化，从而形成焊接接头，是广泛应用的普通焊接形式（图4-6），适合于钢筋接长、交叉钢筋连接、钢筋与钢板连接等，其钢筋接长主要包括搭接焊、帮条焊、坡口焊三种工艺形式，如图4-7～图4-9所示。钢筋搭接焊和帮条焊时，宜采用双面焊，当不能进行双面焊时，可采用单面焊，但帮条长度和搭接长度须符合相关规定。钢筋坡口焊施工前在焊接钢筋端部切口形成坡口。坡口焊接头有平焊和立焊两种。坡口平焊时，坡口角度为55°～65°；坡口立焊时，坡口角度为45°～55°，其中下钢筋为0°～10°，上钢筋为35°～45°。坡口焊的焊接工艺应符合相关要求。

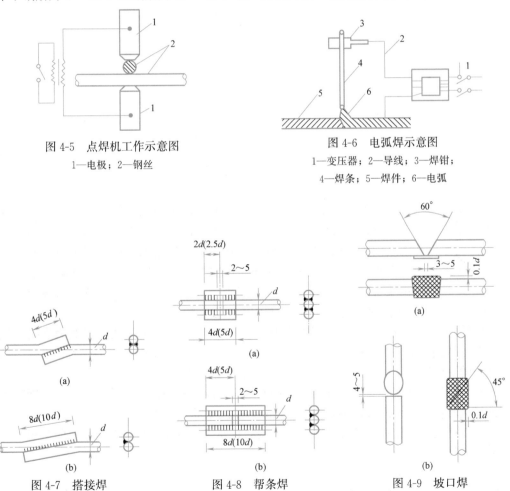

图4-5 点焊机工作示意图
1—电极；2—钢丝

图4-6 电弧焊示意图
1—变压器；2—导线；3—焊钳；
4—焊条；5—焊件；6—电弧

图4-7 搭接焊
（a）双面焊；（b）单面焊

图4-8 帮条焊
（a）双面焊；（b）单面焊

图4-9 坡口焊
（a）平焊；（b）立焊

4. 电渣压力焊

电渣压力焊是利用电流通过渣池产生的电阻热将钢筋端部熔化，然后施加压力使钢筋焊接在一起，也是压力焊的一种（图 4-10），用于竖向或斜向钢筋接长时效率较高，可以代替电弧焊。适用于直径 14～32mm 的 HRB335、HRB400 级和直径 14～20mm 的 HPB300 级钢筋。直径 12mm 钢筋采用电渣压力焊接长时，应采用小型焊接夹具，上下两钢筋对正，不偏歪，多做焊接工艺试验，确保焊接质量。

5. 气压焊

气压焊是热压焊的一种（图 4-11），采用氧、乙炔火焰或氧、液化石油气火焰（或其他火焰）对两钢筋对接处加热，使其达到热塑状态后，加压完成焊接。其主要用于竖向钢筋接长。

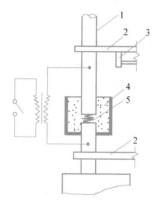

图 4-10　电渣压力焊示意图
1—钢筋；2—夹钳；3—凸轮；
4—焊剂；5—铁丝团球或导电焊剂

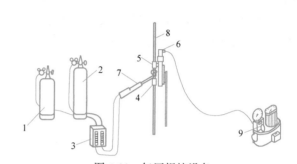

图 4-11　气压焊接设备
1—乙炔；2—氧气；3—流量计；4—固定卡具；
5—活动卡具；6—压接器；7—加热器与焊炬；8—钢筋；9—电动油泵

4.1.2.2　绑扎搭接

钢筋绑扎就是用铁丝在接头中心和两端将钢筋绑到一起，该连接方法工艺简单、工效高，不需要连接设备。同一构件中相邻纵向受力钢筋的绑扎搭接接头宜相互错开。绑扎搭接接头中钢筋的横向净距不应小于钢筋直径，且不应小于 25mm。钢筋绑扎施工要注意绑牢，防止漏绑。钢筋的搭接长度与钢筋直径有关，应参照规范选择。一般纵向受拉钢筋至少不小于 300mm；纵向受压钢筋不小于 200mm。HPB300 级受拉钢筋端部要做弯钩。

钢筋的接头位置距离弯折点应不小于 $10d$，并应避开最大弯矩处，且受力筋接头位置要错开。从接头中心到搭接长度的 1.3 倍范围内，有绑扎接头时，受力筋面积占受力筋总截面积的百分率对于受压区应不大于 50%，对于受拉区应不大于 25%。

轴心受拉及小偏心受拉构件的纵向钢筋不应采用绑扎搭接，其他构件的纵向钢筋采用绑扎搭接时，受拉钢筋直径不宜大于 25mm，受压钢筋直径不宜大于 28mm。

绑扎搭接需要较长的搭接长度，浪费钢筋且连接不可靠。目前对大直径的钢筋已不推荐采用绑扎连接。

4.1.2.3　机械连接

钢筋机械连接是通过机械咬合作用或钢筋端面的承压作用实现钢筋连接，常见的有锥形螺纹套管连接、直螺纹套管连接和冷挤压连接三种形式，适用于施工现场粗钢筋的连接。钢筋机械连接方法的优点有工艺简单、节约钢材、接头性能可靠、技术容易掌握、工作效率高和节约成本等。

下面介绍常见的钢筋机械连接方式。

1. 锥形螺纹套管连接

锥形螺纹套管连接是将钢筋连接端在钢筋套丝机上加工成与套管匹配的锥螺纹，然后将带锥形内丝的套筒用扭力扳手按一定的力矩值把两根待接钢筋通过钢筋与套管内丝扣的机械咬合连接起来。该方法需要加工高精度的连接套管和锥螺纹，故成本高，但施工速度快。锥形螺纹套管连接如图 4-12 所示。

2. 直螺纹套管连接

直螺纹套管连接是将两根待连接的钢筋端头切削或滚压出直螺纹后，用带着内丝的钢套管将钢筋两段拧紧。按螺纹丝扣加工工艺的不同，可分为三种：镦粗直螺纹套管连接、滚压直螺纹套管连接和剥肋滚压直螺纹套管连接。

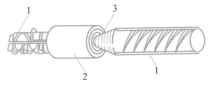

图 4-12 锥形螺纹套管连接
1—钢筋；2—套筒；3—锥螺纹

连接钢筋的规格和连接套的规格应一致，并确保钢筋和连接套的丝扣干净、完好无损。采用预埋接头时，连接套的位置、规格和数量应符合设计要求。带连接套的钢筋应固定牢，连接套的外露端应有密封盖。接头拧紧必须用力矩扳手。连接钢筋时，应对正轴线将钢筋拧入连接套，然后用力矩扳手拧紧。接头拧紧值应符合相关规定，不得超拧。拧紧后的接头应做好标记。直螺纹套管连接如图 4-13 所示。

(a)   (b)   (c)

图 4-13 直螺纹套管连接
(a) 钢筋直螺纹套丝；(b) 钢筋直螺纹接头加保护帽；(c) 钢筋采用直螺纹连接

3. 冷挤压连接

冷挤压连接就是将两根待连接钢筋插入钢套管，用带有梅花齿形内模的钢筋压接机对套管外壁加压，使套管和钢筋发生冷塑性变形，并紧密咬合。冷挤压连接包括径向挤压套管连接（图 4-14）、轴向挤压套管连接两种形式。冷挤压连接具有连接性能可靠、操作简便、施工速度快、对钢筋化学成分要求不特别严格等优点，但是操作工人工作强度大，有时液压油污染钢筋。钢筋挤压连接，要求钢筋的最小中心间距为 90mm。

套管挤压连接适用于钢筋直径 16～40mm 的 HRB335、HRB400 和 HRB500 级带肋钢筋连接。

4.1.3 钢筋代换

在施工时，如果确实缺乏设计图纸中要求的钢筋，可进行钢筋代换。现场严禁随意改动设计钢筋，若某些部位钢筋太密，经过设计变更，可采取钢筋代换，减小钢筋密度。代换方法有：

（1）构件按强度控制——采用"等强代换"。应满足下式：

$$A_{s2}f_{y2} \geqslant A_{s1}f_{y1} \qquad (4\text{-}2)$$

式中　A_{s2}——代换后所有钢筋截面面积（mm²）；

A_{s1}——代换前所有钢筋截面面积（mm²）；

f_{y2}——代换钢筋抗拉强度设计值（N/mm²）；

f_{y1}——原钢筋抗拉强度设计值（N/mm²）。

（2）构件按最小配筋率控制——采用"等面积代换"。应满足下式：

$$A_{s2} \geqslant A_{s1} \qquad (4\text{-}3)$$

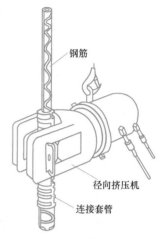

图 4-14　径向挤压套管连接

（3）当构件按抗裂性、裂缝宽度或挠度控制时，钢筋代换需进行抗裂性、裂缝宽度或挠度验算。

钢筋代换后应检验是否满足规范要求的各项规定，包括以下几点：

1）抗裂性要求高的构件，不宜用光面钢筋代换变形钢筋；

2）代换不宜改变构件截面的有效高度，若改变，需进行截面强度的复核；

3）代换后的钢筋用量不大于原设计用量的 5%，不低于 2%，同一截面钢筋直径相差不大于 5mm，以免受力不均匀；

4）代换后的钢筋应满足构造要求，如钢筋间距、根数、最小钢筋直径、锚固长度等。

4.2　模板工程

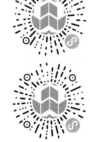

模板是使新浇筑的混凝土成型用的模型板。模板是辅助性的临时设施，具有施工量大，能重复周转的特点。模板应满足以下要求：（1）能够保证结构形状、尺寸；（2）具有足够的强度、刚度、稳定性；（3）拆装方便、周转使用。

模板按材料可分为木模板、钢模板、钢木模板、钢竹模板、胶合板模板、塑料模板、玻璃钢模板和铝合金模板等；按结构的类型可分为基础模板、柱模板、楼板模板、楼梯模板、墙模板、壳模板和烟囱模板等；按施工方法可分为现场拆装式模板、固定式模板和移动式模板；按施工工艺可分为组合式模板、大模板、滑升模板、爬升模板、永久性模板以及提模、台模和隧道模等。

构造上定型化、材料上多样化、功能上多元化、装配上工具化是模板的发展趋势。如大模板、滑升模板和爬升模板，除节约模板材料外，还大大提高了工程质量和施工机械化程度。

下面介绍几种常见的模板和模板的设计。

4.2.1 常用模板的形式与构造

4.2.1.1 木模板

木模板是最传统的模板形式，适用于各种条件。但随着各种新型模板的不断涌现，木模板已很少使用。木模板由木板条拼装而成，施工过程复杂，周转率低，消耗木材多，但当混凝土形状复杂时具有一定的优势。

主要混凝土构件木模板系统如图 4-15～图 4-17 所示。

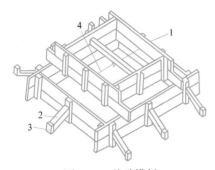

图 4-15 基础模板

1—拼板；2—斜撑；3—木桩；4—铁丝

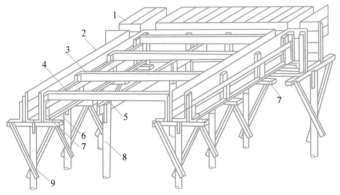

图 4-16 有梁楼板模板

1—楼板模板；2—梁侧模板；3—搁栅；4—横挡；5—牵杠；
6—夹条；7—短撑木；8—牵杠撑；9—琵琶撑

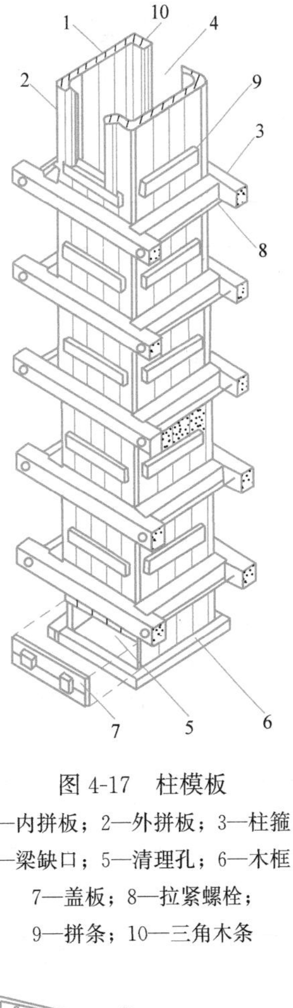

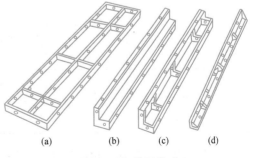

图 4-17 柱模板

1—内拼板；2—外拼板；3—柱箍；
4—梁缺口；5—清理孔；6—木框；
7—盖板；8—拉紧螺栓；
9—拼条；10—三角木条

4.2.1.2 定型组合钢模板

定型组合钢模板，由钢板和型钢焊接而成，具有固定的形状和尺寸。钢模板属于工具式模板，采用现场组装，周转率高，板面平整，不吸水，不漏浆，但初期投资较大。

钢模板系统由模板板块、连接件和支承件组成。

钢模板的模板板块主要有平面模板、阳角模板、阴角模板和连接角模四种类型（图 4-18），其规格见表 4-2。

图 4-18 钢模板类型

(a) 平面模板；(b) 阳角模板；
(c) 阴角模板；(d) 连接角模

钢模板板块规格（mm）　　　　　　　　　　　　　　　　　　　　表 4-2

规格	平面模板	阳角模板	阴角模板	连接角模
宽度	600、550、450、400、350、300、250、200、150、100	150×150 50×50	100×100 50×50	50×50
长度	1800、1500、1200、900、750、600、450			
肋高	55			

　　钢模板的板块常用模板类型代号和模板尺寸表示，例如，P3015，P 表示钢模板类型为平模；30 表示模板宽度为300mm；15 表示模板长度为1500mm。组合钢模的连接件主要有 U 形卡、L 形插销、钩头螺栓、紧固螺栓和扣件等，见表4-3。

组合钢模板连接件表　　　　　　　　　　　　　　　　　　　　表 4-3

名称	简图	用途
U 形卡	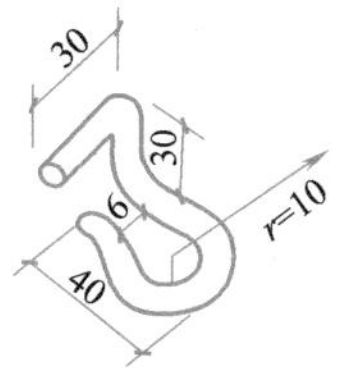	用于钢模板纵、横向自由连接
L 形插销	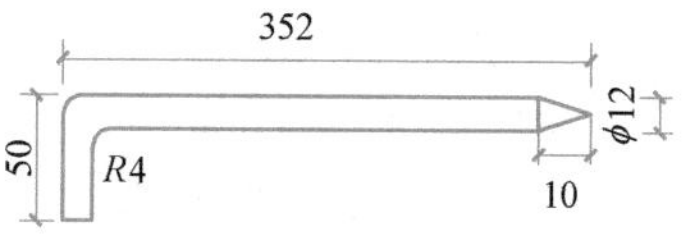	增强钢模板的纵向拼接刚度，确保接头处板面平整
钩头螺栓	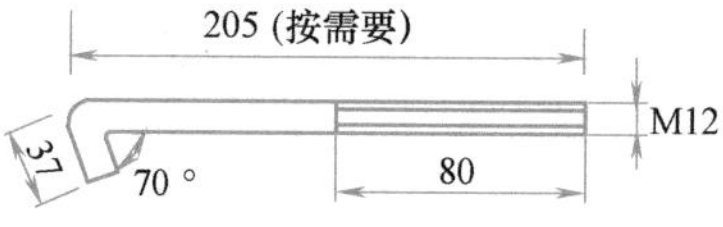	用于钢模板与内、外钢楞之间的连接固定
紧固螺栓	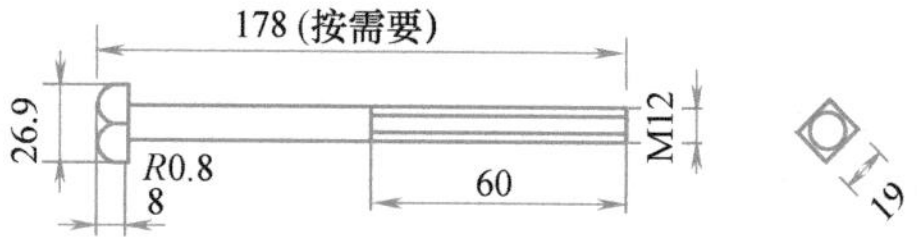	用于紧固内外钢楞，增强模板拼装后的整体刚度
扣件　蝶形扣件	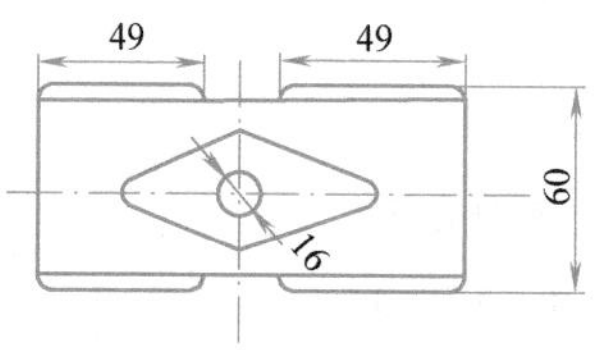	用于钢模板与钢楞或钢楞之间的紧固，并与其他配件一起将钢模拼装成整体
"3"形扣件	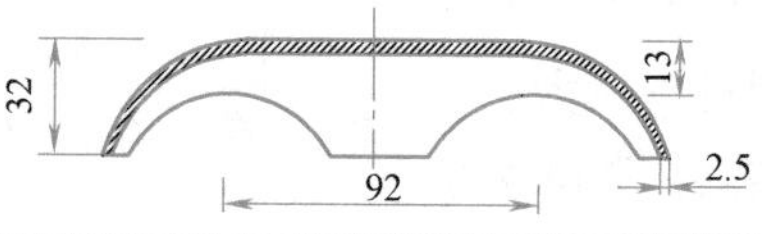	

　　组合钢模板的支承件包括钢楞、柱箍、梁卡具、圈梁卡、斜撑、钢支柱以及钢管脚手架等，主要起支承模板和定位作用。竖向支撑系统主要有钢管支柱和钢管井架等，如图 4-19～图 4-21 所示。水平支撑主要是工具式桁架，如图 4-22 所示。

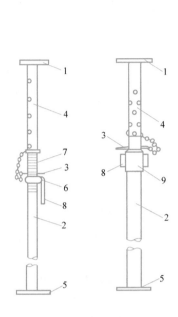

图 4-19　钢支柱
1—顶板；2—套管；3—插销；
4—插管；5—底板；6—转盘；
7—螺管；8—手柄；9—螺旋管

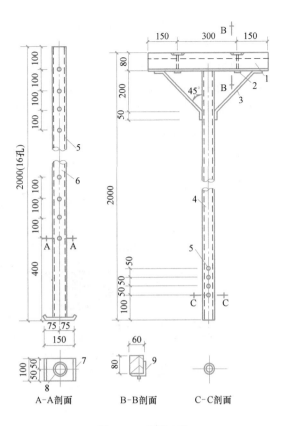

A-A剖面　　B-B剖面　　C-C剖面

图 4-20　钢管支柱
1—垫木；2—ϕ12螺栓；3—ϕ16钢筋；4—40内径水管；
5—ϕ14孔；6—50内径水管；7—钢板；
8—ϕ14出水孔；9—$\llcorner$60×6

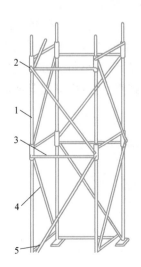

图 4-21　钢管井架
1—立管；2—套管；3—模管；
4—斜管；5—底管

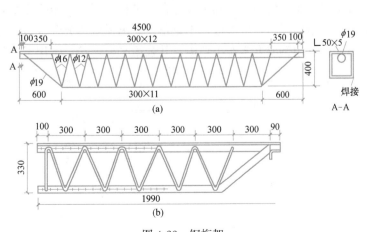

(a)

(b)

图 4-22　钢桁架
（a）整榀式；（b）平面组合式

4.2.1.3 钢铝框木（竹）胶合板模板

钢铝框木（竹）胶合板模板是以钢材或铝材为框架，以木胶合板或竹胶合板做面板而组成的一种组合式模板。制作时，面板表面应做一定的防水处理，模板面板与边框的连接构造有明框型和暗框型两种。明框型边框与面板平齐，暗框型边框位于面板之下。根据其模板单元面积和重量的大小，可分为轻型和重型两种。在结构构造上，轻型边框是板式实心截面，而重型边框是箱型空心截面。支撑其板面的框架均在工厂铆焊定型，施工现场只进行板块式模板单元之间的组合。

图 4-23 铝模板构造

4.2.1.4 铝模板

铝模板（图 4-23）是继竹木板、钢模板之后出现的新型模板，采用铝合金制作成建筑模板，表面非常光滑、平整、观感好，使用次数多，平均成本低，报废后回收价值高。铝模板体系需要根据楼层特点进行配套设计，模板系统中约80%的模块可以在多个项目中循环利用，适用于标准化程度高的超高层建筑或多层楼群和别墅群。

4.2.1.5 大模板

大模板是一种大尺寸的工具式模板，主要用于剪力墙结构和框架-剪力墙结构中的剪力墙施工，也可用于筒体结构中竖向结构的施工。一般是一块墙面用一块大模板，其重量大，需配以相应的起重吊装机械，通过合理的施工组织，以工业化生产方式在施工现场浇筑钢筋混凝土墙体。大模板施工机械化程度高，减少用工量，缩短工期，应用非常广泛，并已形成工业化建筑体系。

大模板由面板、加劲肋、支撑桁架和调整螺栓等组成，如图 4-24 所示。大模板的组合方案取决于结构体系，其平面组合有平模方案、小角模方案和大角模方案三种。平模方案是指一整面墙用一块模板，不设角模。纵横墙体分开浇筑，先横后纵。小角模方案是在转角处设置角钢或方木作小角模，其余用平模连接，常用于内外墙皆现浇或内纵墙与横墙

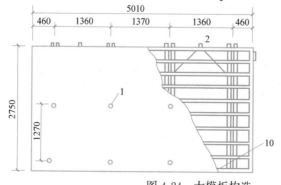

图 4-24 大模板构造

1—穿墙螺栓孔；2—吊环；3—面板；4—横肋；5—竖肋；6—护身栏杆；

7—支撑立杆；8—支撑撑杆；9—ϕ32 丝杠；10—丝杠

同时浇筑的情况。大角模方案是一个房间的内模采用四个大角模形成封闭体系,整体性较好,但墙面平整度较差,一般用于内外墙均为现浇的结构。

大模板施工工艺流程为:施工准备→定位放线→安装模板的定位装置→安装门窗洞口模板→安装模板→调整模板、紧固对拉螺栓→验收→分层对称浇筑混凝土→拆模→模板清理。

大模板的组装顺序为先内侧、后外侧,先横墙、后纵墙。

4.2.1.6 爬模、台模和隧道模

1. 爬模

爬模又称提模,是适用于现浇钢筋混凝土竖向、高耸建(构)筑物施工的模板体系。爬模由悬吊大模板、爬架和穿心式液压千斤顶三部分组成,如图4-25所示。爬模按爬升方式可分为有架爬模和无架爬模;按爬升设备可分为电动爬模和液压爬模。液压爬模带有液压顶升系统,可以使模板架体与导轨间形成互爬,从而使液压自爬模稳步向上爬升,在施工过程中不需要起重机械吊运,减少了施工中起重机械的工作量,其工艺优于滑模,且能避免大模板受大风的影响。此外,自爬的模板上还可悬挂脚手架,省去了结构施工的外脚手架,经济效益较好。在建筑工程中,由于有各层楼板,所以一般只进行外模爬升,内模为普通剪力墙大模板与爬升模板配套。

爬模在连续爬升时,需专业队伍操作;在混凝土达到一定强度后进行爬升,较难控制;爬模施工能保证混凝土结构的尺寸、表面质量和密实性,施工安全可靠。但脱模后,需落地临时搁置,其安拆对吊机的依赖性大,占用时间长。

2. 台模

台模又称飞模,主要用于整体浇筑平板或楼板。台模由台架和面板组成,台架可以上下移动,如图4-26所示。目前,除铝合金制作的正规台模外,利用组合钢模和钢管支架拼成的台模,既可省去模板的装拆时间,又能降低劳动消耗、加速施工,故在施工现场使用较多,但一次性投资较大。

3. 隧道模

图4-27为隧道模,可用于同时整体浇筑墙体和楼板,能将各开间沿水平方向逐段逐间整体浇筑,具有整体性好、抗震性能好、施工速度快的优点,但模板一次性投资大,模板的起吊和转运需要较大的起重机。

4.2.1.7 滑模

滑模主要应用于高耸的构筑物和高层建筑物,它不是简单的辅助工程,与钢筋工程和混

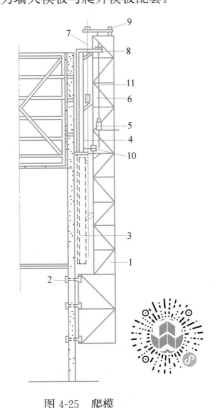

图 4-25 爬模

1—爬架;2—螺栓;3—预留爬架孔;4—爬模;
5—爬架千斤顶;6—爬模千斤顶;7—爬杆;
8—模板挑横梁;9—爬架挑横梁;
10—脱模千斤顶;11—爬杆

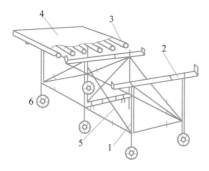

图 4-26　台模

1—支腿；2—横梁；3—檩条；4—面板；
5—斜撑；6—滚轮

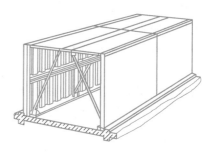

图 4-27　隧道模

凝土工程关系相当密切，以至于难以分开独立。滑模施工时，随着混凝土的浇筑，模板在液压动力系统的作用下，连续向上滑升。随着模板的滑升，依次在模板内浇筑混凝土和绑扎钢筋，从而逐步完成结构混凝土的浇筑工作，直至达到设计标高为止。滑模能够避免模板重复拆装造成的施工间断，提高了施工效率。但模板一次性投资多、耗钢量大，对建筑的立面造型和构件断面变化有一定的限制。

1. 系统构成

滑模系统主要由模板系统、操作平台系统和液压滑升系统等部分组成，如图 4-28所示。

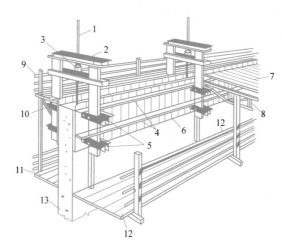

图 4-28　滑模组成

1—支撑杆；2—提升架；3—液压千斤顶；4—围圈；5—围圈支托；6—模板；7—内操作平台；
8—平台桁架；9—栏杆；10—外挑三脚架；11—外吊脚手；12—内吊脚手；13—混凝土墙体

（1）模板系统

模板构成如图 4-29 所示，一般高度 1.0～1.2m，宽度 200～600mm。模板可悬挂或搁置在围圈上，并形成上口小、下口大的倾斜度（图 4-30），倾斜度为（0.2%～0.5%）H（H 为模板高度）。围圈起到固定模板位置、承受模板传来的水平力和垂直力的作用。一般用角钢或槽钢制成。上围圈一般距模板上口为 200mm，下围圈距模板下口为 300mm，保证模板"上刚下柔"，以便混凝土脱模。提升架的作用是固定围圈的位置，防止模板侧向变形，把模板系统和操作平台系统连成整体，承受模板系统和操作平台系统的全部荷载，并将荷载通过千斤顶传给支承杆。提升架有单横梁式与双横梁式两种（图4-31），可用槽钢或角钢制作，其截面按框架计算确定。

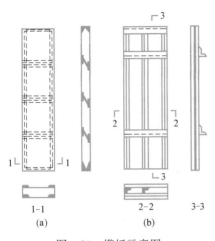

图 4-29　模板示意图

（a）冷弯成型钢模板；（b）角钢肋条钢模板

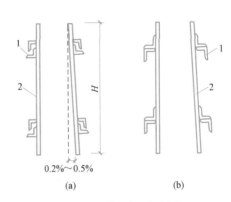

图 4-30　模板与围圈连接

（a）模板挂在围圈上；（b）模板放在围圈上

1—围圈；2—模板

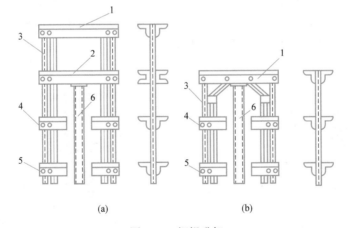

图 4-31　钢提升架

（a）双横梁式；（b）单横梁式

1—上横梁；2—下横梁；3—立柱；4—上围圈支托；5—下围圈支托；6—套管

（2）操作平台系统

操作平台供运输和堆放材料、机具、设备及施工人员操作之用。一般由钢桁架或梁及铺板组成（图4-32），其承重构件根据受力情况按一般的钢木结构进行计算。外吊脚手架挂在提升架和外挑三脚架上；内吊脚手架挂在提升架和操作平台上，供修饰混凝土表面、检查质量、调整拆除模板、支设梁底模之用。

（3）液压滑升系统

液压滑升系统由支承杆、液压千斤顶和液压控制装置三部分组成。

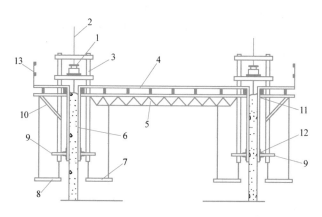

图 4-32　操作平台结构示意

1—千斤顶；2—支撑杆；3—提升架；4—平台铺板；5—桁架；6—模板；7、8—吊脚手架；
9—支托；10—三角挑架；11—上围圈；12—下围圈；13—栏杆

支承杆埋设在混凝土内，是千斤顶向上爬行的轨道，又是滑升模板的承重支柱，用以承受施工过程中的全部荷载。支承杆的规格要与选用的千斤顶相适应，一般为 $\phi25\sim48\mathrm{mm}$ 的圆钢，长度宜为 $3\sim5\mathrm{m}$。支承杆布置应均匀、对称，且与千斤顶一致。支承杆的接长有丝扣连接、榫接和焊接三种，相邻支承杆的接头要相互错开，不小于 $500\mathrm{mm}$，在同一标高的接头数量不大于 25％。液压千斤顶按其起重能力分为小型（$30\sim50\mathrm{kN}$）、中型（$60\sim120\mathrm{kN}$）和大型（120kN 以上）三种。按其卡头构造不同有钢珠式（图 4-33）和楔块式（图 4-34）两种，并且均为穿心式单作用千斤顶。

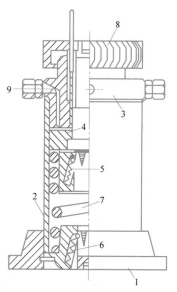

图 4-33　HQ-30 型液压千斤顶

1—底座；2—缸筒；3—缸盖；4—活塞；5—上卡头；
6—下卡头；7—排油弹簧；8—行程调整帽；9—油嘴

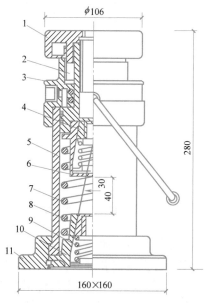

图 4-34　楔块式卡头液压千斤顶

1—行程调整帽；2—活塞；3—缸盖；4—上卡头卡块；
5—缸筒；6—上卡块座；7—排油弹簧；8—下卡头卡块；
9—弹簧；10—下卡块座；11—底座

常用的 HQ-30 液压千斤顶为钢珠式，其工作原理如图 4-35 所示，它具有体积小、结构紧凑和动作灵活等优点。液压千斤顶的工作是通过液压传动装置来进行控制，通常将电动机、油泵、油箱、压力表和控制调节装置集中安装在一起，组成液压控制台。

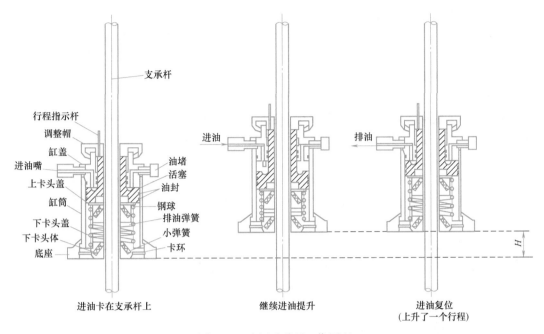

图 4-35 液压千斤顶工作原理

2. 液压滑模的施工

（1）液压滑模的组装

液压滑模的组装顺序为：安装提升架→安装围圈→安装模板（与扎筋配合）→组装内操作平台→安装外操作平台→安装液压提升系统、控制台及垂直运输设备→联动试运转→插入支承杆→初升检查与调整→正常提升约 3m 后安装内外吊脚手架及安全网。

（2）混凝土配合比的选择

滑模施工所用混凝土的配合比，必须满足设计强度要求和滑模施工的工艺要求。混凝土配合比应根据工程特点、预计滑升速度和现场气温变化情况分别试配。

为保证混凝土出模后，易于表面抹光，并能支承上部混凝土自重而不塌落或变形，混凝土的出模强度宜控制在 0.2~0.4MPa，或贯入阻力值为 0.30~1.50kN/cm。混凝土初凝时间应控制在 2h 左右，终凝时间控制在 4~6h。同时，混凝土应有良好的和易性，宜用细粒多、粗粒少的骨料。石子最大粒径不宜大于构件截面最小尺寸的 1/8。当浇筑墙、板、梁、柱时，混凝土坍落度为 4~6cm；如果为筒壁结构或细柱则为 5~8cm；对于配筋特密的结构为 8~10cm。当采用人工振捣时，坍落度可适当增加。

（3）混凝土浇筑

混凝土必须分层分段均匀对称交圈浇筑，分层的厚度为 20~30cm，每层表面高度需保持在模板上口以下 100~150mm。为便于继续绑扎钢筋，在每层应留出最上一层水平钢筋。

混凝土宜用振捣器或人工捣实。振捣时，不得触及钢筋、模板和支承杆；振捣棒插入下层混凝土中的深度不得超过 5cm。混凝土浇筑要求连续进行，不得留设施工缝。如果不得不暂时停工时，为避免混凝土与模板粘结，应使千斤顶每隔 1h 左右提升一次。

（4）模板滑升

模板的滑升可分为初次滑升、正常滑升和最后滑升三个阶段。

初次滑升时，应分 2～3 层浇筑 60～70cm 高的混凝土，当混凝土达到出模强度时，将模板试升 5cm，判断滑升时间是否适宜。如果能够脱模，随即将模板滑升 20～30cm，检查整个模板系统能否正常工作。

正常滑升时，绑扎钢筋、混凝土浇筑和模板滑升应交替进行，并控制适宜的滑升速度，使出模后的混凝土表面湿润，手按有指痕，砂浆不粘手，能用抹子抹平。滑升速度一般控制在 20～25cm/h。每次滑升的间隔时间，最好不要超过 1h。在滑升过程中，应注意千斤顶的同步情况，及时调整升差。

当混凝土浇筑至建筑物顶 1m 左右时，混凝土浇筑及模板滑升速度应逐步放慢。进入最后滑升阶段，应对模板进行准确抄平和校正。浇筑完成后，应继续滑升使模板与混凝土脱离。

在模板滑升过程中，应严格控制平台和模板的水平及结构物的垂直度在允许范围内，并随时检查校正。高层建筑物的允许垂直偏差为建筑物高度的 1/1000，且总偏差不得大于 50mm。建筑物垂直度的观测可采用线坠观测法、经纬仪观测法和激光铅直仪观测法等。

（5）质量事故的预防和处理

滑模施工常见质量事故产生的原因及处理方法见表 4-4。

滑模施工常见质量事故产生的原因及处理方法 表 4-4

事故名称	产生原因	处理或预防方法
支承杆失稳	支承杆本身不直或安装不直；操作平台荷载太大或承受荷载不均匀；遇有障碍时强行提升；相邻两千斤顶升差太大；脱空长度过长等	当支承杆通过门窗孔洞或无墙楼层之间时，应事先加固，或采取措施减少其自由长度
建筑物发生倾斜	平台上荷载分布不均；支承杆负载不一；产生升差后未及时调整；混凝土浇筑不均匀对称；操作平台刚度差；支承杆布置不均匀，本身不直或安装、接头不直	调整操作平台的高差，其方向与建筑物倾斜方向相反，继续滑升浇筑混凝土，直至建筑物的垂直度归于正常，再将操作平台恢复水平
建筑物发生扭转	千斤顶升差不等；模板收分不均；操作平台上起重机的影响；浇筑混凝土时沿一个方向进行等	在与操作平台扭转的相反方向施加一反向扭转的环向力
混凝土出现水平裂缝或断裂	滑升速度慢；模板内混凝土自重小于混凝土与模板的摩阻力；模板安装未预留倾斜度或产生反倾斜度；滑升过程中模板产生严重的倾斜等	加快滑升速度；调整混凝土的配合比；保证模板有足够的倾斜度，并及时纠正模板的倾斜状况；保证混凝土自重大于混凝土与模板的摩阻力
混凝土局部坍塌	混凝土出模强度不够；滑升速度过快	暂停滑升，或降低滑升速度；在混凝土中加入早强剂等
混凝土表面"穿裙"	模板一次滑升过高；每层浇筑的混凝土太厚；模板倾斜度太大；振捣混凝土的侧压力太大；模板刚度不够等	控制每次提升高度；调整模板倾斜度；加强模板的刚度等

对于支承杆失稳，除采取表 4-4 中的预防措施外，当支承杆在混凝土上部发生弯曲时，可按图 4-36 所示措施处理。支承杆在混凝土内部产生弯曲，按图 4-37 处理后，再支模补浇混凝土。

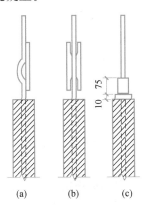

图 4-36 支承杆在混凝土上部弯曲时加固方法
(a) 弯曲不大时；(b) 弯曲较大时；(c) 弯曲严重时

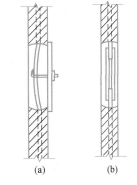

图 4-37 支承杆在混凝土内部弯曲时加固方法
(a) 弯曲不大时；(b) 弯曲严重时

当圆筒形结构采用滑模施工发生扭转时，可沿圆周等距离地布置 4～8 对双千斤顶，如图 4-38 所示，当操作平台和模板发生顺时针方向扭转时，先将顺时针扭转方向一侧的千斤顶升高，然后使全部千斤顶滑升一次，如此重复即可予以纠正。

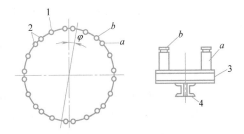

图 4-38 双千斤顶纠正扭转
1—单千斤顶；2—双千斤顶；
3—挑梁；4—提升架横梁

4.2.1.8 其他常用模板

近年来，随着土木工程和施工机械的发展，新型模板不断涌现，除上述外，国内外常用的模板还有永久性模板、压型钢板、塑料及玻璃钢模板等。

（1）永久性模板

1）混凝土（砂浆）模板

混凝土（砂浆）模板有预应力混凝土薄板、玻璃纤维水泥模板、小梁填块和钢桁架型混凝土板等。预应力混凝土薄板已在我国高层建筑中应用，铺设后仅需设置少量支撑，即可在其上面铺设钢筋、浇筑混凝土叠合层后形成整体的连续楼板，施工简便，效果良好。

2）压型钢板

压型钢板也称钢铺板或钢衬板，是压制成型并经过防锈处理的薄钢板，厚度一般为 1mm 左右，形状为槽形、波浪形、楔形等。压型钢板用于楼板结构有两种形式：

① 只用作永久模板，施工时承受混凝土重量和施工荷载，待混凝土达到设计强度后，全部荷载转由混凝土楼板承受，不考虑压型钢板的作用。

② 压型钢板与混凝土楼板通过一定的构造措施形成组合结构，共同承受荷载。压型钢板既是模板，又起混凝土楼板中受拉钢筋的作用。通常将剪力销与压型钢板连接，如机械连接、铆钉连接、卡件连接及焊接连接等，浇筑混凝土后，可使混凝土和压型钢板之间

很好地传递剪力，确保压型钢板与混凝土楼板能共同作用。

压型钢板在高层建筑中应用较多。用于楼板施工时，具有铺设方便、缩短工期、节约劳动力和节省模板支撑材料的优点，但其缺点是钢材消耗较多、造价高。

（2）塑料及玻璃钢模板

塑料模板是以改性聚丙烯或增强聚乙烯为主要原料，注塑成型的各种模板，玻璃钢模板则是以玻璃钢为面板的模板。这种模板是在工厂专门生产的定型产品，使用比较方便，目前专门用于浇筑混凝土密肋楼盖的壳型模板多为此类模板。

4.2.2 定型组合钢模板系统设计

模板工程对混凝土工程的成型质量和施工生产安全至关重要，在施工前应编制专项施工方案。模板和支架应根据施工过程中的各种工况进行设计，应具有足够的承载力和刚度，并应保证其整体稳定性。

模板配板原则主要考虑以下几点：优先使用大模板；所用模板规格、数量少；合理排列，便于支撑；无特殊要求，尽量不使用阴角模或阳角模。模板设计中的荷载计算及模板结构计算请参考施工手册及有关设计规范，这里通过实例作介绍，使大家了解其设计程序。

【例 4-2】 某框架结构现浇钢筋混凝土板，采用组合钢模及钢管支架支模。板厚100mm，其支模尺寸为 4.8m×3.3m，楼层高度为 4.5m，要求做配板设计及模板结构布置与验算。

【解】 （1）主要配板方案

若模板以其长边沿 4.8m 方向排列，可列出几种方案：

方案①：34P3015＋2P3009，两种规格，共 36 块，见图 4-39。

方案②：22P3015＋33P3006，两种规格，共 55 块，见图 4-40。

方案③：22P3015＋22P3009，两种规格，错缝排列，共 44 块。

若模板以其长边沿 3.3m 方向排列，可列出几种方案：

方案④：34P3015＋2P3009，两种规格，共 36 块。

方案⑤：16P3015＋32P3009，两种规格，错缝排列，共 48 块。

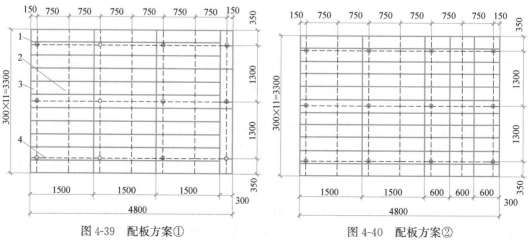

图 4-39　配板方案①　　　　　　　图 4-40　配板方案②

1—钢管支柱；2—内钢楞；3—钢模板；4—外钢楞

方案③、⑤模板错缝排列，刚性好，宜用于预拼吊装方案。方案①模板规格及块数少，比较合适。方案②模板块数较多。综合比较取方案①。

（2）内外钢楞验算

内外钢楞用矩形钢管 60mm×44mm×2.5mm，内钢楞间距为 0.75m，外钢楞间距 1.3m，支架采用 ϕ48mm×3.5mm 钢管搭接接长，各支柱间布置双向水平撑上下两道，并适当布置剪刀撑。

（3）结构计算

① 荷载计算

模板及配件自重： 0.5kN/m^2

新浇混凝土自重： 24×0.1=2.4kN/m^2

钢筋重量： 1.1×0.1=0.11kN/m^2

施工荷载： 2.5kN/m^2

合计： 5.51kN/m^2

② 内钢楞验算

矩形钢管截面抵抗弯矩 $W=1.458\times10^{-5}$m^3，惯性矩 $I=4.378\times10^{-7}$m^4，弹性模量 $E=2\times10^8$kN/m^2，强度设计值 $f=2.1\times10^5$kN/mm^2；内钢楞计算简图如图 4-41 所示，悬臂 $a=0.35$m，内跨长 $l=1.3$m；令 $\beta=a/l=0.269$；作用荷载为：$q=5.51\times0.75=4.1325$kN/m。

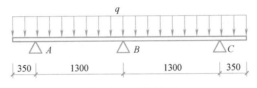

图 4-41　计算简图

求 A、B 点弯矩：

$$M_A=\frac{qa^2}{2}=\frac{4.1325\times0.35^2}{2}=0.2531\text{kN}\cdot\text{m}$$

$$M_B=\frac{1}{8}ql^2(1-2\beta^2)$$

$$=\frac{1}{8}\times4.1325\times1.3^2\times(1-2\times0.269^2)=0.7466\text{kN}\cdot\text{m}$$

最大抗弯强度：

$$Q=\frac{M_B}{W}=\frac{0.7466}{1.458\times10^{-5}}=5.121\times10^4\text{kN/m}^2<2.1\times10^5\text{kN/m}^2，满足要求。$$

令 $q'=(5.51-2.4)\times0.75=2.3325$kN/m，则悬臂端挠度为：

$$\delta=\frac{q'al^3}{48EI}(1-6\beta^2-6\beta^3)=\frac{2.3325\times0.35\times1.3^3}{48\times2\times10^8\times4.378\times10^{-7}}(1-6\times0.269^2-6\times0.269^3)$$

$$=0.1916\text{mm}$$

跨内最大挠度为：

$$\delta' = \frac{0.1q'l^4}{24EI} = \frac{0.1 \times 2.3325 \times 1.3^4}{24 \times 2 \times 10^8 \times 4.378 \times 10^{-7}} = 0.317\text{mm}$$

$\dfrac{\delta'}{l} = \dfrac{0.317}{1300} = \dfrac{1}{4100} < \dfrac{1}{400}$，满足要求。

③ 支柱验算

模板及支架自重取 1.1kN/m²，故水平投影面上每平方米的荷载为：

$$1.1 + 2.4 + 0.11 + 2.5 = 6.11\text{kN/m}^2$$

每一中间支柱所受荷载为：

$$6.11 \times 1.3 \times 1.5 = 11.91\text{kN}$$

根据表4-5，当采用 $\phi48\text{mm} \times 3.5\text{mm}$ 钢管，用扣件搭接接长，横杆步距为1.5m时，每根钢管的容许荷载为13.3kN，大于支架支柱所受的荷载11.91kN，故模板及支架安全。

钢管支架立柱容许荷载 表 4-5

横杆步距 L (m)	$\phi48 \times 3.0$ 钢管(mm)		$\phi48 \times 3.5$ 钢管(mm)	
	对接	搭接	对接	搭接
	N (kN)	N (kN)	N (kN)	N (kN)
1.0	34.4	12.8	39.1	14.5
1.25	31.7	12.3	36.2	14.0
1.50	28.6	11.8	32.4	13.3
1.80	24.5	10.9	27.6	12.3

4.3 混凝土工程

混凝土工程是指将混凝土浇筑成各种形状的建筑构件或结构的过程。其施工应保证结构或构件具有设计的外形和尺寸，强度符合设计要求，有良好的整体性，满足设计和国家规范要求。混凝土工程主要包括混凝土制备、运输、浇筑和振捣、养护、混凝土强度检查、混凝土拆模及修补等过程。混凝土的施工过程连续性要求高，延续时间长，受外界影响因素多，应采取相应措施。

4.3.1 混凝土制备

混凝土制备中最重要的是计算混凝土的配合比，其步骤如下：

（1）计算出要求的试配强度 $f_{cu,0}$，并计算出所要求的水胶比 W/B；

（2）由《普通混凝土配合比设计规程》JGJ 55—2011 中表选取每立方米混凝土的用水量，并由此算出每立方米混凝土的水泥用量；

（3）由《普通混凝土配合比设计规程》JGJ 55—2011 中表选取合理的砂率值，计算出粗、细骨料的用量，提出实验室配合比；

（4）根据坍落度等指标，试拌与调整配合比；

（5）根据现场砂、石含水量，计算出施工配合比。

4.3.1.1 混凝土制备强度

为满足配制的混凝土具有95％的强度保证率，实验室配制强度应按下式计算：

$$f_{cu,0} = f_{cu,k} + 1.645\sigma \tag{4-4}$$

式中 $f_{cu,0}$——混凝土的配制强度（N/mm²）；

         $f_{cu,k}$——设计的混凝土立方体抗压强度标准值（N/mm²）；

         σ——施工单位的混凝土强度标准差，一般为2.5～6N/mm²。

4.3.1.2 施工配合比

设实验室配合比为水泥：砂：石＝$1 : x : y$，水胶比W/B，现场砂、石含水量为W_x、W_y，则施工配合比为：

$$水泥：砂：石 = 1 : x(1+W_x) : y(1+W_y) \tag{4-5}$$

4.3.1.3 备料

混凝土的原材料有水泥、砂、石、水和外加剂。

水泥作为混凝土主要的胶凝材料，其品种和强度等级对混凝土的性能和结构的耐久性都非常重要。常用的水泥有：硅酸盐水泥、普通硅酸盐水泥、矿渣硅酸盐水泥、火山灰硅酸盐水泥、粉煤灰硅酸盐水泥和复合硅酸盐水泥。水泥的品种与强度等级由设计、施工要求以及工程所处的环境条件确定。

混凝土配置中的细骨料一般为砂，有天然砂和人工砂两大类。根据其平均粒径或细度模数可分为粗砂、中砂、细砂和特细砂四种。砂的颗粒级配、坚固性、含泥量、泥块含量、有害物质含量应符合国家有关标准的规定。

混凝土配置中的粗骨料指的是碎石或卵石，碎石由天然岩石或卵石经破碎、筛分而得的粒径大于5mm的岩石颗粒组成；卵石由自然条件作用而形成的粒径大于5mm的岩石颗粒组成。碎石或卵石中针、片状颗粒含量应符合规定。含泥量、泥块含量、有害物质含量限值应符合国家标准的规定。

混凝土配置所用水采用饮用水，不能用海水、污水、废水，地表水和地下水首次使用前，应按有关标准进行检验后方可使用。

在混凝土中掺入少量外加剂，可改善混凝土的性能，加快工程进度或节约水泥，满足混凝土在施工和使用中的一些特殊要求，保证工程顺利进行。外加剂按其主要功能分为四类：（1）改善混凝土拌合物流变性能的外加剂，包括各种减水剂、引气剂和泵送剂等；（2）调节混凝土凝结时间、硬化性能的外加剂，包括缓凝剂、早强剂和速凝剂等；（3）改善混凝土耐久性的外加剂，包括引气剂、防水剂和阻锈剂等；（4）改善混凝土其他性能的外加剂，包括加气剂、膨胀剂、着色剂、防冻剂、防水剂和泵送剂等。常用外加剂性能指标参见相关资料。外加剂在正式使用前，其掺量要通过试验确定，并进行准确控制，相应调整水胶比等使其准确。

4.3.1.4 混凝土搅拌

混凝土的搅拌既要保证混凝土拌合物的均匀性、达到设计要求的和易性和强度，也要保证按施工进度所要求的产量。

（1）混凝土搅拌设备

混凝土搅拌机按其工作原理有自落式搅拌机和强制式搅拌机两种。自落式搅拌机如图4-42所示，主要适用于塑性或低流动性混凝土的拌制。强制式搅拌机如图4-43所示，适用于干硬、轻骨料混凝土的拌制。由于维护费用较高，一般主要用于混凝土预制构件厂。

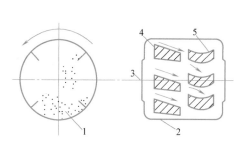
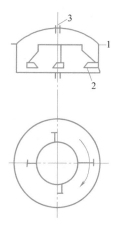

图 4-42　自落式搅拌机工作示意图
1—混凝土；2—搅拌筒；3—进料口；4—斜向拌叶；5—弧形拌叶

图 4-43　强制式搅拌机工作示意图
1—搅拌筒；2—拌叶；3—转轴

混凝土宜采用强制式搅拌机搅拌，并应搅拌均匀。

（2）混凝土搅拌工艺

在拌合混凝土时，为确保混凝土的质量，必须严格控制搅拌时间、投料顺序和进料容量。

投料量应根据搅拌机出料量和施工配合比计算。一般来说装料容积是搅拌机拌筒几何容积的 1/3～1/2，强制式搅拌机可取上限，自落式搅拌机可取下限。超载应小于 10%，过大则没有充分的搅拌空间。搅拌完成后混凝土的体积为出料容积，一般为搅拌机装料容积的 0.55～0.75。搅拌机上标明的容积一般为出料容积。

投料顺序应综合考虑如何提高搅拌质量、减少叶片磨损、减少砂浆与搅拌桶的黏结、改善工作条件等因素，常分为一次投料法、二次投料法和水泥裹浆法。一次投料法按照石子、水泥、砂子的顺序依次投料，然后和水在搅拌桶中进行搅拌。该方法可有效避免水泥飞扬，改善工作环境，并能减少拌合物与搅拌桶之间的黏结。二次投料法是先向搅拌机内投入水和水泥（有时也包括砂子），预拌后再投入石子和砂子继续搅拌到规定时间。该投料方法能够改善混凝土性能，提高混凝土强度约 15%，在强度相同的情况下，可节约水泥 15%～20%。水泥裹浆法是在砂子表面形成一层水泥浆壳，其主要工艺措施有：对砂子表面湿度进行处理和进行两次加水搅拌。该方法的关键是控制砂子表面水率及第一次造壳用水量。水泥裹浆法能提高混凝土强度是因为改变投料和搅拌次序后，使水泥和砂子、石子的接触面增大，水泥的作用得到充分发挥。

搅拌时间根据坍落度、搅拌机的容量和类型、骨料的品种和是否加外加剂而定，一般约 2min。

4.3.2　混凝土运输

混凝土的运输必须保证浇筑工作的连续进行，并应在混凝土初凝前浇筑完毕。混凝土在运输中应保持混凝土的均匀性，避免产生分层离析，防止水泥浆流失。为此，混凝土的运输路线应短直，道路平坦，并应选择合适的运输机具。

混凝土的运输分垂直运输和水平运输两种情况。

4.3.2.1 垂直运输设备

常用垂直运输机具有塔式起重机、井架和卷扬机、混凝土泵等。塔式起重机作为常用的混凝土垂直运输机具，一般配有料斗（图4-44），利用料斗运输能够使混凝土不受振动。当运输高度较大时，塔式起重机运输量往往不够，可采用混凝土泵。而对于中小工程，可采用井架运输机。

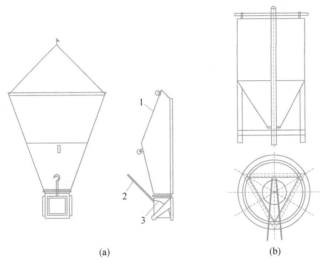

(a)   (b)

图 4-44　混凝土料斗

（a）卧式；（b）立式

1—混凝土入口；2—手柄；3—扇形门

4.3.2.2 水平运输

场地内短距离运输可采用手推车或翻斗车（图4-45）。对于长距离运输一般采用混凝土搅拌运输车（图4-46），混凝土搅拌运输车是商品混凝土必备的运输机械。

图 4-45　机动翻斗车

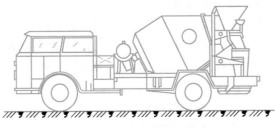

图 4-46　混凝土搅拌运输车

4.3.3 混凝土输送

混凝土输送是指混凝土被运输到施工现场后，通过输送泵、溜槽、吊车配备斗容器、升降设备配备小车等方式将混凝土送至浇筑点的过程。混凝土输送宜采用泵送方式，该方式有利于提高劳动生产率，保证施工质量。

输送混凝土的管道、容器、溜槽不应吸水、漏浆，并应保证输送通畅。输送混凝土时应根据工程所处环境条件采取保温、隔热、防雨等措施。

4.3.3.1 混凝土输送泵的选择与布置

输送泵的选型应根据工程特点、混凝土输送高度和距离、混凝土的工作性确定；输送泵的数量应根据混凝土浇筑量和施工条件确定，必要时设置备用泵；输送泵设置的位置应满足施工要求，场地应平整、坚实，道路应畅通，且应有防范高空坠物的设施；输送泵的作业范围内不得有阻碍物。

混凝土输送泵有活塞泵、气压泵和挤压泵等类型，目前应用最广泛的是活塞泵，根据其构造和工作原理不同，活塞泵又分为机械式和液压式两种，液压式较为常用。液压式具有体积小、重量轻、使用方便、工作效率高等优点。液压泵还可以进行逆运转，迫使混凝土在管路中作往返运动，有助于排出管道堵塞和处理长时间停泵问题。其工作原理见图4-47。

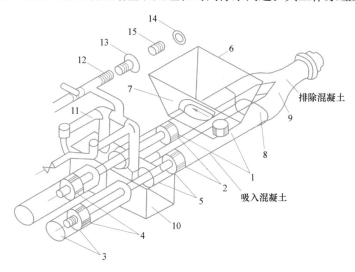

图 4-47　液压式混凝土泵工作原理

1—混凝土缸；2—推压混凝土活塞；3—液压缸；4—液压活塞；5—活塞杆；6—料斗；7—吸入阀门；
8—排除阀门；9—Y 形管；10—水箱；11—水洗装置换向阀；12—水洗用高压软管；
13—水洗用法兰；14—海绵球；15—清洗活塞

混凝土拌合料进入料斗后，吸入端片阀打开，排除端片阀关闭，在液压作用下，活塞向左移动，混凝土在自重和真空吸力的作用下进入液压缸。由于液压系统中压力油的进出方向相反，使得活塞向右移动，这时吸入端片阀关闭，排除端片阀打开，混凝土被压入到输送管道。液压泵一般采用双缸工作，交替出料，通过 Y 形管后，混凝土进入同一输送管从而使混凝土的出料稳定而连续。

4.3.3.2 混凝土输送泵管的选择与支架的设置

混凝土输送泵管应根据输送泵的型号、拌合物性能、总输送量、单位输送量、输送距离以及粗骨料粒径等进行选择；当混凝土粗骨料最大粒径不大于 25mm 时，可采用内径不小于 125mm 的输送泵管；当混凝土粗骨料最大粒径不大于 40mm 时，可采用内径不小于 150mm 的输送泵管；输送泵管安装接头应严密，以防止漏气、漏浆造成堵泵；输送泵管道转向宜平缓，弯管采用较大的转弯半径。

输送泵管应采用支架固定，支架应与结构牢固连接，输送泵管转向处支架应加密。支架应通过计算确定，必要时还应对设置位置的结构进行验算，确保安全生产，严禁与脚手架或模板支架相连。

垂直向上输送混凝土时，地面水平输送泵管的直管和弯管总的折算长度不宜小于垂直输送高度的 20%，且不宜小于 15mm，以防止管内混凝土在自重作用下对泵管产生过大的压力；输送泵管倾斜或垂直向下输送混凝土，且高差大于 20m 时，应在倾斜或垂直管下端设置直管或弯管，直管或弯管总的折算长度不宜小于高差的 1.5 倍，以防止管内混凝土在自重作用下会下落造成空管或产生堵管；垂直输送高度大于 100m 时，混凝土输送泵出料口处的输送泵管位置应设置截止阀，用来控制混凝土在自重作用下对输送泵的泵口压力。

混凝土输送泵管及其支架应经常进行过程检查和维护。

4.3.3.3 混凝土的输送布料设备的选择和布置

布料设备的选择应与输送泵相匹配。布料设备的混凝土输送管内径宜与混凝土输送泵管内径相同；布料设备的数量及位置应根据布料设备工作半径、施工作业面大小以及施工要求确定；布料设备应安装牢固，且应采取抗倾覆稳定措施；布料设备安装位置处的结构或施工设施应进行验算，必要时应采取加固措施。

应经常对布料设备的弯管壁厚进行检查，磨损较大的弯管应及时更换；布料设备作业范围不得有阻碍物，并应有防范高空坠物的设施。

4.3.3.4 输送泵输送混凝土

应先进行泵水检查，并应湿润输送泵的料斗、活塞等直接与混凝土接触的部位，泵水检查后，应清除输送泵内积水；输送混凝土前，应先输送水泥砂浆对输送泵和输送管进行润滑，然后开始输送混凝土；输送混凝土速度应先慢后快、逐步加速，应在系统运转顺利后再按正常速度输送；输送混凝土过程中，应设置输送泵集料斗网罩，并应保证集料斗有足够的混凝土余量。

4.3.4 混凝土浇筑

混凝土浇筑质量总的要求是：保证混凝土的整体性、密实性和均匀性。为了保证质量，浇筑前应做好准备工作，包括材料、模板和钢筋的检查，并做好技术交底。

4.3.4.1 防止离析

混凝土浇筑时自由下落高度不应大于 2m，否则应采用溜槽和串筒，以保证垂直下落和落差。当落差超过 3m 时，应采用溜槽或串筒，以保证垂直下落和落差；超过 8m 时，采用振动串筒，见图 4-48。

4.3.4.2 分层浇筑、分层振捣

为了保证混凝土的密实性和整体性，混凝土应分层浇筑振捣。分层厚度要根据振捣方法、结构类型及混凝土的工作性能而定，如表 4-6 所示。

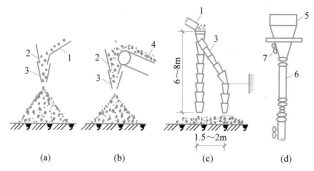

图 4-48　防止混凝土离析

(a) 溜槽运输；(b) 皮带运输；(c) 串筒；(d) 振动串筒

1—溜槽；2—挡板；3—串筒；4—皮带机；5—漏斗；6—节管；7—振动器

混凝土分层振捣的最大厚度　　　　　　　　　　　　　表 4-6

项次	捣实混凝土的方法		混凝土分层振捣的最大厚度(mm)
1	插入式振捣		振捣器作用部分长度的 1.25 倍
			300(轻骨料混凝土)
2	表面振捣(轻骨料混凝土振动时需加荷)		200
3	人工振捣	在基础、无筋混凝土或配筋稀疏的结构中	250
		在梁、墙板、柱结构中	200
		在配筋密列的结构中	150
4	附着振捣器		根据设置方式,通过试验确定

4.3.4.3　正确留置施工缝

所谓施工缝是指新浇混凝土与已硬化混凝土之间的结合面,它是结构的薄弱环节。

为了保证结构的整体性,一般应连续浇筑混凝土,不留施工缝。如果因技术或组织原因不能连续浇筑时要正确留置施工缝或后浇带分块浇筑。

施工缝的位置宜留置在结构受剪力较小且便于施工的部位,并符合下列规定:

（1）柱、墙水平施工缝。宜留置在基础顶面、楼层结构顶面或底面、梁的下面、柱帽下面,如图 4-49 所示。

（2）单向板垂直施工缝。可留置在平行于板的短边的任何位置。

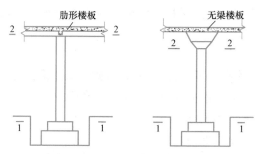

图 4-49　柱施工缝留设位置

1-1、2-2 表示施工缝的位置

（3）有主次梁的楼板垂直施工缝。应留置在次梁跨度的中间 1/3 范围内，顺次梁方向浇筑，如图 4-50 所示。

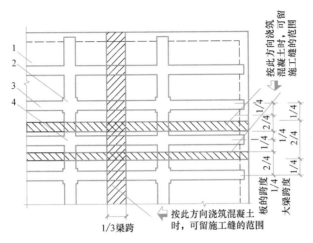

图 4-50 肋形楼盖施工缝位置
1—楼板；2—柱；3—次梁；4—主梁

（4）墙垂直施工缝。应留置在门洞口过梁跨中 1/3 范围内，也可留在纵横墙交接处。

在施工缝处继续浇筑混凝土时，已浇筑的混凝土抗压强度不应小于 1.2MPa；在已硬化的混凝土表面上应清除软弱混凝土层，并应加以充分湿润和冲洗干净；在浇筑混凝土前，宜先在施工缝处铺一层水泥砂浆（与混凝土成分相同）；混凝土应仔细捣实，使新旧混凝土紧密结合。

混凝土浇筑完毕后，宜采取自然养护，在混凝土表面铺上草帘、麻袋等定时浇水养护，或在混凝土表面覆盖塑料布进行保湿养护。

4.3.5 混凝土振捣

混凝土在浇入模板时，不能自动充满，内部疏松，必须加以振捣，以使混凝土密实成型。混凝土振捣成型分人工振捣和机械振捣两种。混凝土振动机械按其工作方式不同，有内部振捣器、表面振捣器、外部振捣器和振动台等，如图 4-51 所示。

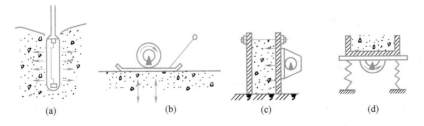

图 4-51 振捣器的原理
（a）内部振捣器；（b）表面振捣器；
（c）外部振捣器；（d）振动台

内部振捣器多用于梁、柱、基础、墙及大体积混凝土浇筑；当钢筋较密、尺寸较小的柱、墙等混凝土浇筑时宜采用外部振捣器。表面振捣器常用于板、地面混凝土振捣，而振动台一般只有在预制厂振捣预制构件时采用。

混凝土在振捣时不能漏振。采用内部振捣器时，应垂直插入混凝土，快插慢拔，插入深度应进入前一层已浇筑的混凝土内 5～10cm。插点布置应采用行列或交错排列，如图 4-52 所示，图中 R 为振捣器的有效作用半径。

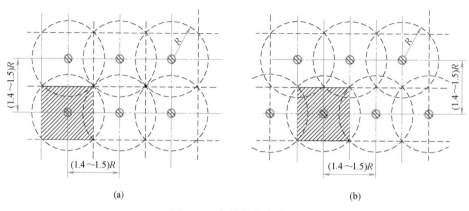

(a)　　　　　　　　　　　　　　(b)

图 4-52　振捣棒插点位置

（a）行列式；（b）交错式

4.3.6　混凝土养护

混凝土在浇筑成型后，为了给混凝土硬化创造必要的温度和湿度，保证水化作用的正常进行，应进行混凝土养护。混凝土的养护方法主要有自然养护和湿热养护两种。

所谓自然养护是指在自然气温下，在混凝土浇筑完毕后的 12h 以内对混凝土加以覆盖并保湿养护，使混凝土在规定期间内达到预期强度。自然养护浇水至少 7d 以上，以确保混凝土保持湿润。对掺有缓凝剂或有抗渗要求的混凝土，不得少于 14h；浇水的次数应能保持混凝土处于湿润状态；混凝土养护用水应与拌制用水相同。自然养护成本低、效果好，但养护时间长，一般主要用于现场浇筑的混凝土养护。

湿热养护实质是蒸汽养护，即在充满饱和蒸汽或蒸汽、空气混合物的养护室内进行，预制构件厂常采用蒸汽养护。

4.3.7　混凝土强度检查

混凝土应采用取样方法对其抗压强度进行检验。

取样的试块应在浇筑地点随机抽取，其留置应满足下列规定：

（1）每拌制 100 盘但不超过 100m³ 的相同配合比的混凝土，取样不应少于 1 次；

（2）每工作班拌制的相同配合比的混凝土不足 100 盘和 100m³ 时取样不应少于 1 次；

（3）当一次连续浇筑同一配合比的混凝土超过 1000m³ 时，每 200m³ 取样不应少于 1 次；

（4）对房屋建筑，每一楼层、同一配合比的混凝土，取样不应少于 1 次；

（5）每次取样应至少留置一组标准养护试件，同条件养护试件的留置组数应根据实际需要确定。

当混凝土生产条件在较长时间内保持一致，且同一品种混凝土的强度变异性能保持稳定时，应由连续的三组试块代表一个验收批，其强度应同时符合下列要求：

$$\mu_{f_{cu}} \geqslant f_{cu,k} + 0.7\sigma_0$$
$$f_{cu,min} \geqslant f_{cu,k} - 0.7\sigma_0 \tag{4-6}$$

当混凝土强度等级不高于 C20 时，还应满足：

$$f_{cu,min} \geqslant 0.85 f_{cu,k} \tag{4-7}$$

当混凝土强度等级高于 C20 时，还应满足：

$$f_{cu,min} \geqslant 0.90 f_{cu,k} \tag{4-8}$$

对于零星生产的预制构件或现场搅拌批量不大的混凝土，可采用非统计方法。此时，验收批混凝土强度必须同时满足下列要求：

$$\mu_{f_{cu}} \geqslant 1.15 f_{cu,k}$$
$$f_{cu,min} \geqslant 0.95 f_{cu,k} \tag{4-9}$$

式中　$\mu_{f_{cu}}$——同一验收批混凝土立方体抗压强度平均值（N/mm^2）；

$f_{cu,k}$——混凝土立方体抗压强度标准值（N/mm^2）；

σ_0——验收批混凝土立方体抗压强度标准差（N/mm^2）；

$f_{cu,min}$——同一验收批混凝土立方体抗压强度最小值（N/mm^2）。

4.3.8　混凝土拆模及修补

对于侧模，当混凝土强度能够保证表面棱角不因拆模而受损时，即可拆模。底模及其支架拆除时的混凝土强度应符合规定，如表 4-7 所示。

底模拆除时的混凝土强度要求　　　　　　　　表 4-7

结构类型	结构跨度（m）	设计混凝土强度标准值的百分比（%）
板	$L \leqslant 2$	50
	$2 < L \leqslant 8$	75
	$L > 8$	100
梁、拱、壳	$L \leqslant 8$	75
	$L > 8$	100
悬臂构件	—	100

拆模后，如果发现缺陷，应找出原因并加以修补。对于数量不多的小蜂窝、麻面或露石等小缺陷，可在清洗后，用高强度等级水泥砂浆或混凝土填满、抹平，并进行养护。对于大蜂窝、露筋等大缺陷，应凿掉缺陷部位，重新支模和浇混凝土。

4.4　特殊条件下混凝土施工

特殊条件下混凝土施工包括大体积混凝土施工、水下混凝土施工和冬期混凝土施工等。其施工方法除满足普通混凝土施工工艺要求外，还应满足一些特殊工艺要求。

4.4.1　大体积混凝土施工

大体积混凝土是指混凝土结构物实体最小几何尺寸不小于 1m 的大体量混凝土，或预计会因混凝土中胶凝材料水化引起的温度变化和收缩而导致有害裂缝产生的混凝土，如大型设备基础、大型桥梁墩台和水电站大坝等。

大体积混凝土施工存在的主要问题有三个方面：（1）上下层浇筑间隔时间长，整体性不易保证；（2）水化热导致内外温差大，使混凝土容易产生温度裂缝；（3）泌水多，难以处理。这些问题不解决，将直接影响到混凝土施工质量。

4.4.1.1　整体性浇筑方法

大体积混凝土由于分层浇筑时间长，会使"上层混凝土应在下层混凝土初凝前浇筑"这一条件难以保证。为了保证整体性，应采用全面分层法、分段分层法和斜面分层法等整体性浇筑方法。

（1）全面分层法

在整个结构内全面分层浇筑混凝土，在第一层浇筑完毕后，浇筑第二层，如此逐层浇筑，直至全部浇筑完成（见图4-53）。

全面分层法施工大体积混凝土，混凝土的结构面积F应满足以下关系：

$$F \leqslant \frac{VT}{h} \tag{4-10}$$

式中　V——每小时浇筑量（m^3/h）；

　　　T——混凝土初凝时间与运输时间的差（h）；

　　　h——浇筑的分层厚度（m）。

（2）分段分层法

当不满足全面分层条件时，可以采用分段分层浇筑法。将结构分成若干段，每段又分为若干层，逐段逐层浇筑直至完毕（见图4-54）。

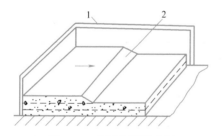

图4-53　全面分层示意图

1—模板；2—新浇筑混凝土

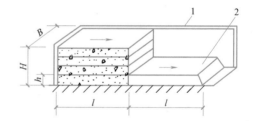

图4-54　分段分层示意图

1—模板；2—新浇筑混凝土；B—混凝土需浇筑的宽度；H—混凝土需浇筑的总高度；h—混凝土分层浇筑厚度

分段分层浇筑时，根据整体性的要求确定分段长度。

对于长方体结构混凝土，分段长度应满足以下条件：

$$l \leqslant \frac{V \cdot T}{B(H-h)} \tag{4-11}$$

式中　V——每小时浇筑量（m^3/h）；

　　　T——混凝土初凝时间与运输时间的差（h）；

　　　h——浇筑的分层厚度（m）；

　B、H——混凝土需浇筑的宽度和总高度（m）。

（3）斜面分层法

对于长而厚的结构（长度超过厚度的3倍），如条形基础，通常用斜面分层，斜面坡度1：3，但也应满足整体性的要求（见图4-55）。

4.4.1.2 温度裂缝的防治

大体积混凝土在养护初期，混凝土强度低，在较大内外温差作用下，易导致混凝土表面开裂，形成表面裂缝；养护后期，混凝土随着散热量增加而收缩，但由于受到基底约束，从底部开始混凝土内部受拉，产生内部裂纹，向上发展，贯穿整个基础，其危害更大。

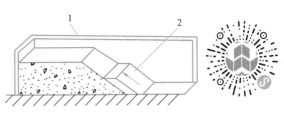

图 4-55　斜面分层示意图
1—模板；2—新浇筑混凝土

对于温度裂缝的有效防治就是要控制混凝土内外温差小于 25℃。具体措施包括：选用水化热低的水泥，如矿渣水泥、火山灰或粉煤灰水泥等；掺缓凝剂等外加剂；采用大粒径骨料，如毛石等；尽量减少水泥用量和每立方米混凝土的用水量；循环水内部冷却；减少分层厚度；覆盖保温；冷水拌合；砂石堆场和运输设备遮阳等。

4.4.1.3 泌水的处理

大体积混凝土由于面积大以及上下层施工间隔时间长，易产生泌水层。对于泌水的处理，常规方法是自流或抽吸，但抽吸会带走一部分水泥浆。较为科学合理的方法是在同一结构中使用两种坍落度的混凝土，并掺加一定数量的减水剂。

4.4.2　水下浇筑混凝土施工

在深基础、地下连续墙等基础以及水下结构工程中，常需在水下浇筑混凝土。水下浇筑容易产生的问题就是水和泥浆混入混凝土内，带走水泥浆，影响混凝土质量。水下浇筑混凝土的方法有导管法、压浆法和袋装法，常采用导管法。

导管是导管法水下施工的主要设备，由直径 200～300mm、长度 1.5～2.5m 的钢管筒组成。导管上装有漏斗，在漏斗上方装有振动设备，如图 4-56 所示。

一般每根导管的作用半径不大于 3m，当面积过大时，可采用数根导管同时浇筑，如图 4-57 所示。导管下端埋入混凝土内的深度是影响混凝土浇筑质量的重要因素。埋入越

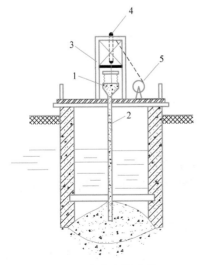

图 4-56　水中浇筑混凝土
1—漏斗；2—导管；3—支架；4—滑轮组；5—绞车

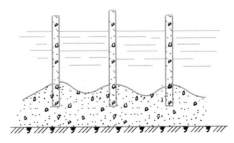

图 4-57　用数根导管同时浇筑混凝土

深，混凝土越密实，表面也越平坦，但埋置过深，容易造成堵管，故最佳埋置深度一般为0.8～1m。

4.4.3 冬期混凝土施工

根据当地气温资料，室外日平均气温连续5天稳定低于5℃时，混凝土工程必须遵照冬期施工技术规定进行施工。混凝土前期受冻导致后期最终强度损失，这是因为混凝土受冻后，水泥的水化反应停止，混凝土强度不再增加；继续受冻，产生冰胀应力；冰胀应力大于当时混凝土强度，在混凝土内部产生微裂纹；尽管春季来临时，混凝土解冻后，水泥水化反应可以继续进行，混凝土强度继续增长，但由于受冻期间产生了微裂纹，从而使混凝土的最终强度降低。混凝土受冻后的强度降低与水泥种类、水灰比、混凝土受冻时间的早晚有关，因此为了防止受冻，要在可能的条件下降低水灰比，提高混凝土受冻前的强度。

为了保证混凝土具备抵抗冰胀应力的能力，使最终的强度损失小于混凝土设计强度的5%，混凝土受冻前至少应达到的强度值称为混凝土受冻临界强度。它与水泥品种、混凝土强度等级有关，普通硅酸盐水泥混凝土临界强度为设计的混凝土强度标准值的30%。

混凝土冬期施工方法主要有蓄热法、外部加热法和掺外加剂法等。三种方法的互相结合，常常会获得良好的效果。

4.4.3.1 蓄热法

蓄热法利用加热原材料或混凝土所获得的热量及水泥水化热，再通过保温材料覆盖保温，防止热量散失过快，延缓混凝土的冷却，使混凝土在正温度条件下增长强度以保证冷却至0℃时混凝土的强度大于受冻临界强度。蓄热法造价低、施工简单，适用于室外最低气温不低于−15℃、表面系数（结构的冷却面积与总体积之比）不大于15的结构或地下工程。上述条件只是定性条件，是否可行还要进行热工计算。热工计算的主要依据为傅立叶热传导定律，即：

$$dQ = \frac{dt \cdot dx}{R/F} \tag{4-12}$$

式中 dQ——单位体积结构体通过介质向低温一侧传导的热量微分；

dt——介质两侧的温差微分；

dx——传导时间微分；

R——介质的热阻；

F——结构体的表面系数。

计算方法如下：

（1）由傅立叶热传导定律，求混凝土的温度—时间函数 $t(x)$；

（2）由 $t(x)$ 可求出混凝土从养护开始至任意时刻的平均温度 t，进而可求出混凝土从养护时刻起到降至0℃这段时间内的混凝土平均温度 t^*（图4-58中的 t_1、t_2、t_3）；

（3）令 $t(x)=0$，也可求出混凝土降到0℃的时间 x^*（图4-58中的 X_1、X_2、X_3）；

（4）根据 t^*、x^* 查混凝土强度增长曲线，求出混凝土受冻前实际强度 C（图4-58中的 C_1、C_2、C_3）；

（5）将实际强度 C 和混凝土临界受冻强度 C_0 进行比较，判断施工方法的可行性。由

图 4-57 可看出，只有 $C_3 > C_0$，因此，可以判断第三种条件适合蓄热法施工。

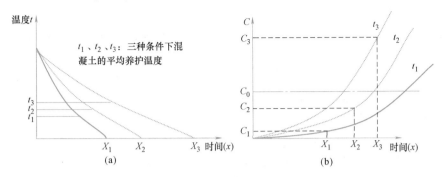

图 4-58　热工计算原理

(a) 混凝土温度—时间曲线；(b) 混凝土强度随时间增长曲线

4.4.3.2　外部加热法

当蓄热法施工不可行时，常采用外部加热法。主要有蒸汽加热、电加热等几种形式。

在现浇结构中，蒸汽加热的方式主要有蒸汽套法、构件内部通气法两种。采用蒸汽加热的混凝土宜选用矿渣水泥及火山灰水泥。应严格控制升温、降温速度，防止混凝土产生裂缝。

电加热法主要有电极法、电热器法、电磁感应法等。通电加热应在混凝土覆盖后进行。当外表面干燥时，应停止加热，并浇水湿润表面。

外部加热法耗能较高，费用昂贵，应审慎选用。

4.4.3.3　掺外加剂法

在冬期混凝土施工中掺入适量的外加剂，使混凝土强度迅速增长，在冻结前达到要求的临界强度；或降低水的冰点，使混凝土能在负温条件下凝结、硬化。混凝土冬期施工中常用外加剂有防冻剂、减水剂、引气剂和早强剂四种类型。掺外加剂是混凝土冬期施工的有效、节能和简便的方法。

防冻剂的作用是降低冰点，使混凝土早期不受冻。常用的防冻剂有：氯化钠、亚硝酸盐、乙酸钠等。

减水剂的作用是减少用水量，进而减少冰胀应力。常用的减水剂有：木质素磺酸盐类、萘系减水剂、糖蜜系减水剂等。

引气剂能够在混凝土搅拌时引入分布均匀的微小气泡，缓冲冰胀应力。常用的引气剂主要有松香树脂类、烷基苯磺酸盐类、脂肪醇类等。

早强剂能提高混凝土的早期强度，抵抗早期冰胀应力。早强剂有无机盐类和有机类两个系列，无机盐类主要有：氯盐、硫酸盐、碳酸盐等；有机类主要有：三乙酸胺、甲醇、乙醇、尿素等。

4.4.4　超高泵送混凝土施工

超高泵送混凝土技术一般是指泵送高度超过 200m 的现代混凝土泵送技术。对于高度大于 200m 的高强混凝土超高层泵送来说，因泵送压力过高，混凝土强度高、黏度大，泵送施工尤其困难，给整个施工浇筑过程带来一系列有待探讨的技术难题。超高泵送混凝土技术已成为超高层建筑施工技术不可避免的技术难点，并已受到各国工程界的高度重视。

4.4.4.1　泵送前准备

泵机操作人员要对泵机进行全面检查，尤其对易损件做细致检查，发现问题及时更换，按设备保养制度定期对设备进行保养，确保设备在零故障下运行。

4.4.4.2　泵送开始

超高泵送混凝土采用节水润管法工艺，顺序为：泵少量水→加纯水泥稀浆→泵送砂浆→泵送混凝土。需要注意的是，泵送水量应不少于150kg，料斗加入纯水泥稀浆时先用砂浆垫底至吸料口下沿，纯水泥稀浆水灰比为0.45，加入量约0.15m³。另外，在泵送管道未被混凝土打通前，需要控制泵送频率不宜高于10次/min。

4.4.4.3　泵送过程

泵送过程中，通过调节泵机液压系统的压力来调节泵送速度，如果泵送速度过快、压力过大，极易对泵机活塞及末端B型管造成损坏。因此，掌握好泵送压力十分关键，一般情况下液压系统压力控制在20MPa范围内。泵送过程中，需要保持泵送工作连续进行，保证泵管内的混凝土处于流动状态。遇到混凝土供应不足或中断时，需要保证泵机的搅拌轴不高于料斗内的混凝土，避免混凝土缸内吸入空气。在等料期间，为了避免混凝土在泵管内初凝，需要泵机每15min进行一次正反泵操作。

4.4.4.4　泵送混凝土产生裂缝的原因

泵送混凝土产生裂缝主要受其自身特点、施工技术及环节等因素的影响，致使建筑物产生裂缝。具体分析如下。

（1）泵送混凝土自身特点所致的裂缝

泵送混凝土因其温度应力收缩同其自身力学特征的符合性差，进而会造成建筑物产生裂缝，这种不符性主要体现在温度应力收缩、沉陷收缩及干燥收缩等方面。在热胀冷缩作用下会导致变形，产生温度应力，若其超出泵送混凝土抗拉限度就会产生裂缝。同时，泵送混凝土因工程结构中的钢筋类型不同，会产生早期裂缝，这是因为泵送混凝土不够均匀且流动性不强，在其沉陷过程中，基础沉陷、模板及钢筋等都会对其产生限制，使混凝土在密实前都已发生硬化凝结。另一方面，干燥收缩也是导致裂缝产生的原因之一。泵送混凝土的特性使干缩相对比极大，极易导致干缩裂缝。加上混凝土干燥的时间相对较长，产生干缩裂缝通常在30d之后或180d之后，严重影响到建筑物的耐久性和整体结构承载力。

（2）建筑施工技术及操作因素

常用R类水泥和早强型外加剂，进而使泵送混凝土的早期水化速度加快，且快速发散水化热，使其在短时间内较快地出现硬化凝结，早期强度较高。此外，泵送混凝土施工中，一般会在大风季节或炎热夏季进行，因此，气候、温度变化也极易导致混凝土开裂。

4.4.5　高温混凝土施工

高温混凝土施工注意事项为：

（1）高温施工时，对露天堆放的粗、细骨料应采取遮阳防晒等措施。必要时，可对粗骨料进行喷雾降温。

（2）高温施工混凝土配合比设计除应符合规范的规定外，尚应符合下列规定：

1）应考虑原材料温度、环境温度、混凝土运输方式与时间对混凝土初凝时间、坍落度损失等性能指标的影响，根据环境温度、湿度、风力和采取温控措施的实际情况，对混凝土配合比进行调整；

2）宜在近似现场运输条件、时间和预计混凝土浇筑作业最高气温的天气条件下，通过混凝土试拌合与试运输的工况试验后，调整并确定适合高温天气条件下施工的混凝土配合比；

3）宜采用低水泥用量的原则，并可采用粉煤灰取代部分水泥，宜选用水化热较低的水泥；

4）混凝土坍落度不宜小于 70mm。

（3）混凝土的搅拌应符合下列规定：

1）应对搅拌站料斗、储水器、皮带运输机、搅拌楼采取遮阳防晒措施。

2）对原材料进行直接降温时，宜采用对水、粗骨料进行降温的方法。当对水直接降温时，可采用冷却装置冷却拌合用水，并应对水管及水箱加设遮阳和隔热设施，也可在水中加碎冰作为拌合用水的一部分。混凝土拌合时掺加的固体冰应确保在搅拌结束前融化，且在拌合用水中应扣除其重量。

3）原材料最高入机温度不宜超过表 4-8 的规定。

表 4-8

原材料最高入机温度

原 材 料	最高入机温度（℃）
水泥	60
骨料	30
水	25
粉煤灰等矿物掺合料	60

4）混凝土拌合物出机温度不宜大于 30℃。出机温度可按下式计算：

$$T_0=\frac{0.22(T_gW_g+T_sW_s+T_cW_c+T_mW_m)+T_wW_w+T_gW_{wg}+T_sW_{ws}-0.5T_{ice}W_{ice}-79.6W_{ice}}{0.22(W_g+W_s+W_c+W_m)+W_w+W_{wg}+W_{ws}+W_{ice}}$$

式中　T_0——混凝土的出机温度（℃）；

　T_g、T_s——粗骨料、细骨料的入机温度（℃）；

　T_c、T_m——水泥、矿物掺合料的入机温度（℃）；

　T_w、T_{ice}——搅拌水、冰的入机温度（℃）；冰的入机温度低于 0℃时，T_{ice} 应取负值；

　W_g、W_s——粗骨料、细骨料干重量（kg）；

　W_c、W_m——水泥、矿物掺合料重量（kg）；

W_w、W_{ice}——搅拌水、冰重量（kg），当混凝土不加冰拌合时，$W_{ice}=0$；

W_{wg}、W_{ws}——粗骨料、细骨料中所含水重量（kg）。

5）当需要时，可采取掺加干冰等附加控温措施。

（4）混凝土宜采用白色涂装的混凝土搅拌运输车运输；对混凝土输送管应进行遮阳覆盖，并应洒水降温。

（5）混凝土拌合物入模温度应符合相关规范的规定。

（6）混凝土浇筑宜在早间或晚间进行，且宜连续浇筑。当混凝土水分蒸发较快时，应在施工作业面采取挡风、遮阳、喷雾等措施。

（7）混凝土浇筑前，施工作业面宜采取遮阳措施，并应对模板、钢筋和施工机具采用洒水等降温措施，但浇筑时模板内不得有积水。

（8）混凝土浇筑完成后，应及时进行保湿养护。侧模拆除前宜采用带模湿润养护。

4.4.6 雨期混凝土施工

雨期混凝土施工注意事项为：

（1）雨期施工期间，对水泥和掺合料应采取防水和防潮措施，并应对粗、细骨料含水率实时监测，及时调整混凝土配合比。

（2）雨期施工期间，应选用具有防雨水冲刷性能的模板脱模剂。

（3）雨期施工期间，混凝土搅拌、运输设备和浇筑作业面应采取防雨措施，并应加强施工机械检查维修及接地、接零检测工作。

（4）雨期施工期间，除应采用防护措施外，小雨、中雨天气不宜进行混凝土露天浇筑，且不应进行大面积作业面的混凝土露天浇筑；大雨、暴雨天气不应进行混凝土露天浇筑。

（5）雨后应检查地基面的沉降，并应对模板及支架进行检查。

（6）雨期施工期间，应采取防止模板内积水的措施。模板内和混凝土浇筑分层面出现积水时，应在排水后再浇筑混凝土。

（7）混凝土浇筑过程中，因雨水冲刷致使水泥浆流失严重的部位，应采取补救措施后再继续施工。

（8）在雨天进行钢筋焊接时，应采取挡雨等安全措施。

（9）混凝土浇筑完毕后，应及时采取覆盖塑料薄膜等防雨措施。

（10）台风来临前，应对尚未浇筑混凝土的模板及支架采取临时加固措施；台风结束后，应检查模板及支架，已验收合格的模板及支架应重新办理验收手续。

4.5 特殊性能混凝土施工

在建筑工程建设施工的过程中，混凝土是应用十分广泛的一种建筑材料。随着我国建筑业的不断发展，混凝土施工技术也变得更加丰富，并在现代工程技术中占有重大比例，混凝土施工质量直接影响建筑工程的安全。因此高性能混凝土技术的应用对节能、工程质量、工程经济、环境与劳动保护等方面都具有重大的意义。高性能混凝土技术在工程中的应用领域将迅速扩大，并取得更大、更多的技术经济和社会效益。

4.5.1 高性能混凝土施工

高性能混凝土（High Performance Concrete，简称 HPC）是一种新型的高技术混凝土，高性能混凝土以耐久性作为设计的主要指标，针对不同用途要求，对下列重点性能予以保证：耐久性、工作性、适用性、强度、体积稳定性和经济性。为此，高性能混凝土在配置上的特点是采用低水胶比，选用优质原材料，且必须掺加足够数量的掺合料（矿物细掺料）和高效外加剂。

在性能上，按混凝土龄期发展的三阶段具有以下特点：

（1）新拌的高性能混凝土拌合物具有良好的流变性能，不泌水，不离析，甚至可自流密实，不需振捣即可保证混凝土施工浇筑的质量；

（2）高性能混凝土硬化过程中，体积稳定，水化热低，干燥收缩小，无裂缝或有少量微裂缝；

（3）高性能混凝土凝结硬化后，结构密实，孔隙率低，强度高，并且不易产生裂缝，具有优异的抗渗、抗冻及耐久性。

4.5.1.1 高性能混凝土的拌合物配合比设计

高性能混凝土配合比设计法则：

（1）水胶比定则。在高性能混凝土中，"灰"包括所有的胶凝材料，因此水灰比也称为水胶比。与普通混凝土不同的是当水胶比低于 0.4 时，在超细掺合料的"微粒效应"作用下，水胶比与强度不再是一条直线，而是条曲线，水胶比越小，曲线越陡，其斜率越大。

（2）绝对体积法则。可塑状态下的混凝土总体积为水、胶凝材料、砂、石的密实体积之和。混凝土拌合物配合比设计就是按这一法则来确定混凝土各组分的数量，从而得到满足强度、耐久性、施工性和经济性的混凝土配合比。

（3）最小用水量法则。要使混凝土拌合物流动性在满足施工要求的前提下，用水量尽量小，以求得到最高的强度、密实度和最好的耐久性。

（4）最小水泥用量法则。减少水泥用量不但可以减少水泥水化热，减小混凝土收缩，而且还能减少能源的消耗，使高性能混凝土成为可持续发展的绿色环保建材。

在初步确定的配合比的基础上，进一步优化，最后检验确认是否满足设计要求的高性能。现将配合比优化的步骤简述如下：

（1）对原材料进行选择和优化。对外加剂、水泥、掺合料、砂、石子这些原材料进行选择和优化的目的是改善原有混凝土的性能缺陷，有针对性地选择和优化。

（2）混凝土配合比优化。砂率的优化，最佳孔隙率一般取为 20%～30%。计算胶凝材料浆体体积，再计算胶凝材料用量，确定混凝土配合比，然后按标准方法测得混凝土拌合物的表观密度，对以上配比进行修正后作为正式混凝土配合比，最后做验证性实验。

4.5.1.2 高性能混凝土原材料质量控制

总体上来讲，高性能混凝土的生产和施工与普通混凝土相同。但是由于高性能混凝土的综合性能要求高，对混凝土生产和施工过程中的质量控制具有较严格的要求。

对于耐久性占主要地位的高性能混凝土，胶凝材料是影响其性能的主要因素。因此要严格保证水泥、掺合料的品质和质量，尤其是掺合料的质量稳定性。配制高性能混凝土，应选用坚硬、密实而无孔隙和软弱杂质的优质骨料。对细骨料要求使用级配良好、含泥量少的中粗砂，粗骨料要优先采用抗压强度高的粗骨料，骨料应为表面粗糙、利于与水泥浆界面黏结的碎石，且最大粒径不宜大于 25mm。

高性能混凝土中掺入高效减水剂时，减水率大大提高，也引起了混凝土的坍落度损失，这就要求高效减水剂与胶凝材料有良好的相容性。只有具备了高的减水率又能与胶凝材料相匹配的高效减水剂，才能配制出工作性好、易施工、较密实、体积稳定的高性能混凝土。

4.5.1.3 高性能混凝土拌制

为了保证高性能混凝土拌合物搅拌均匀，必须采用性能良好、搅拌效率高的立轴行星式、双锥式或逆流式强制搅拌机。高性能混凝土拌合物宜先以掺合料和细骨料干拌，再加水泥和部分拌合用水，最后加粗骨料、减水剂溶液和余额拌合用水，搅拌时间应比常规混凝土延长 40s 以上。

4.5.1.4 高性能混凝土浇筑

高性能混凝土应采用高频振捣器振捣至混凝土顶面基本上不冒气泡，当混凝土浇筑至顶面时，宜采用二次振捣及二次抹面。对于流动性大的高性能混凝土，振捣时应注意不能过振，以防止骨料下沉引起的混凝土不均匀现象。混凝土振捣、抹面后，去除表面浮浆，确保混凝土的密实性。

4.5.1.5 高性能混凝土养护

高性能混凝土抹面后，应立即覆盖，防止水分散失。终凝后，混凝土顶面应立即开始持续潮湿养护。拆模前12h，应松动侧模板的紧固螺帽，让水顺模板与混凝土脱开面渗下，养护混凝土侧面。整个养护期间，尤其从终凝到拆模的养护初期，应确保混凝土处于有利于硬化及强度增大的温度和湿度环境中。在常温下，应至少养护15d，气温较高时可适当缩短湿养护时间，气温较低时，应适当延长养护时间。

4.5.1.6 高性能混凝土在混凝土防裂中的应用

（1）级配混凝土

级配混凝土主要是通过优化混凝土骨料级配，在配制相同和易性和强度等级的混凝土时，尽可能减少水泥用量。由于水泥用量减少，混凝土的抗裂性能得到很大的提高，进而混凝土的耐久性也得到了提高。

级配混凝土是通过控制混凝土的变形来防止混凝土开裂的。

（2）低收缩高应力松弛混凝土

低收缩高应力松弛混凝土重要途径其一是大幅度减少水泥用量，每立方米水泥用量为150～250kg；其二是大掺量粉煤灰，达到总胶凝材料的50%～60%；其三是低水胶比，在0.30～0.35之间。

（3）高性能补偿收缩混凝土

高性能补偿收缩混凝土在大体积混凝土的施工中，可在100m内连续浇筑混凝土，180m内只设加强带不设后浇带，可大大提高施工速度。

4.5.2 自密实混凝土

自密实混凝土（Self Compacting Concrete，简称 SCC）是指具有超高的流动性和抗离析性能的混凝土，在自重作用下，不需要任何密实成型措施，能通过钢筋的稠密区而不留下任何孔洞，自动充满整个模腔，并具有匀质性和体积稳定性的混凝土。

自密实混凝土的特点是：能够自流平填密模板空间；不需要振捣，可以降低由于振捣而导致的混凝土的离析现象；采用自密实混凝土可以保证结构中混凝土的密实性；可以减少劳动力，从而节约施工成本；不需要振捣，没有扰民问题。

工艺流程为：对进入现场的自密实混凝土各项技术指标进行进场验收（坍落度、和易性、流动性)→加固模板→浇筑混凝土自密实周边混凝土→浇筑自密实混凝土→进行振捣。

在灌注自密实混凝土之前，应确认钢柱的标高及垂直度是否满足要求，检查液压千斤顶受力状态及工作性能，确认模板与钢板或基础顶面之间的缝隙已用土工布或海绵封堵后，方可进行自密实混凝土浇筑。

4.5.2.1 自密实混凝土模板安装

模板应安装在基础顶板之上，同时结合压紧装置进行加固，注意以下问题：

（1）模板应具有足够的刚度，能够承受混凝土的侧压力而不产生过大变形。外侧模板可以采用栓接或焊接的连接方式。

（2）若采用分块模板，在交接边应平整连接，不得出现错边。

（3）浇筑前检查堵漏情况，但堵漏材料不得侵入自密实混凝土层内。

4.5.2.2　自密实混凝土的基础顶板预湿方法

由于基础顶板采用的是混凝土材料，极易吸水进而导致新旧混凝土交界面开裂。浇筑前 1h，应使用喷枪从浇筑孔喷水确定顶板湿润，但不得有明水、积水。预湿 4h 必须进行浇筑。

4.5.2.3　自密实混凝土搅拌

搅拌时，应投入骨料和水泥后干粉预拌 1min，再按配比加入水和外加剂，并持续搅拌 2min。冬期施工时，自密实混凝土的搅拌时间可延长 50%。拌合物必须经过鉴定，确定其坍落度、泌水性及温度后再正式生产。

4.5.2.4　自密实混凝土浇筑

（1）浇筑前，应检查柱脚底板的压紧状态，防止浇筑过程中的变位，浇筑应紧随底板精调后进行；

（2）混凝土拌合量按需确定，保证每个柱下的自密实混凝土一次浇筑，不得间断；

（3）自密实混凝土强度达到 10MPa 或 12h 后，应确保混凝土微膨胀完成后，方可拆除压紧装置，但钢柱限位装置仍要保留，避免钢柱垂直度偏移。

4.5.3　抗氯盐混凝土

抗氯盐高性能混凝土是指使用混凝土常规材料、常规工艺，以较低水胶比、适当掺量优质掺合料和较严格的质量控制制作而成的具有高抗氯离子渗透性、高体积稳定性、良好工作性及较高强度的混凝土。

4.5.3.1　抗氯盐混凝土材料

混凝土的各种原材料检验合格后方可使用，原材料性能除应满足相应标准的要求外，主要性能指标（如水泥的强度、减水剂的减水率等）还应保持稳定。

应定时检测骨料含水率，并根据砂石含水率将实验室配合比换算成施工配合比。宜采用液态外加剂，外加剂溶液中的水量，应在拌合用水量中扣除。

4.5.3.2　抗氯盐混凝土搅拌

混凝土拌合宜采用强制搅拌机，宜采用电子计量系统计量原材料，并定期对计量系统进行校正。混凝土加料程序和适宜拌合时间应通过试验确定，拌合时间宜较普通混凝土延长 60s 以上。

4.5.3.3　抗氯盐混凝土养护

混凝土浇筑完毕后，应及早开始养护，以保持混凝土表面湿润。严禁采用海水或氯离子含量超标的水养护混凝土。湿养护时间不应少于 28d，对于重要部位宜适当延长养护时间。应尽可能延长新浇混凝土与海水等含氯离子的环境接触前的养护龄期，一般不应小于 6 周；在可能的情况下宜采用混凝土预制构件。

4.5.4　清水混凝土

清水混凝土是混凝土浇筑后，不再有任何附加的装饰，如涂装、贴瓷砖、贴石材等，而直接由结构主体混凝土本身的自然质感作为装饰面的混凝土。

4.5.4.1 清水混凝土的配制

清水混凝土应使用同一种原材料和相同的配合比,混凝土拌合物应具有良好的和易性、不离析、不泌水。在考虑掺合料的同时要考虑使用不同粒径,增强混凝土的致密性。外加剂应起到与水泥适应,减少混凝土的泌水率,减少混凝土坍落度的经时损失。

4.5.4.2 清水混凝土原材料质量控制

(1) 需要选择相同厂家和同一批次的水泥,所使用的砂直径需在 0~5mm 以上,粒含量不大于 25% 的粗砂。

(2) 为了提高混凝土使用性能,则需要添加丙烯抗裂纤维材料,增加混凝土的强度。

4.5.4.3 清水混凝土工程

钢筋工程是清水混凝土工程中一个非常重要的施工环节,钢筋是混凝土结构中承受荷载的重要组成部分,对整个混凝土结构的稳定性也有着非常重要的作用,钢筋在建筑结构中的应用必须要能够满足项目设计的前期需求,钢筋在入模之前,需要对其表面的锈屑进行仔细清理。如果在钢筋施工中,需要进行钢筋之间的连接施工,则需要采用钢筋焊接技术以及钢筋机械连接技术,其中在钢筋结构焊接过程中需要注意的是,在钢筋焊接之前,需要在被焊接钢筋的下方铺设一块金属材料的垫板,防止焊接过程中飞溅的高温火花对清水混凝土的表面造成伤害,影响到表面的光滑和平整。

4.5.4.4 清水混凝土模板

为了使清水混凝土表面光滑无气泡,应根据不同构件、不同强度等级混凝土,选用不同材质的模板,而脱模剂除了起到脱模作用外,还不应影响混凝土的外观。

4.5.4.5 清水混凝土的浇筑

在清水混凝土浇筑过程中采用分层下料和振捣方式,使得混凝土分层厚度控制在 40cm 范围内,混凝土表面平整度控制在 3mm 范围内,表面气泡呈自然分布状态,大小一致、均匀分布,气泡的深度在 2mm 范围内,宽度在 3mm 范围内。

混凝土必须连续浇筑,施工缝须留设在明缝处,避免因产生冷缝而影响混凝土的观感质量;掌握好混凝土振捣时间,以混凝土表面呈现均匀的水泥浆、不再有显著下沉和大量气泡上冒为止;为减少混凝土表面气泡,宜采用二次振捣工艺,第一次在混凝土浇筑入模后振捣,第二次在第二层混凝土浇筑前再进行,顶层混凝土一般在 0.5h 后进行二次振捣。

4.5.4.6 清水混凝土的养护

混凝土在同条件下的试件强度达到 3MPa(冬期不小于 4MPa)时拆模,拆模后应及时养护。在梁板混凝土浇筑工作完成之后,可以用塑料布或者无纺布覆盖在混凝土表面保湿养护一周,直到其强度达到 12MPa。在清水混凝土浇筑工作完成后,也需要用塑料布进行覆盖,避免水分蒸发。若其中添加有缓凝剂或者具有抗冻性能材料时,则需要养护两周以上。

4.6 预应力混凝土施工

随着预应力混凝土设计理论和施工工艺与设备的不断发展,高强材料性能的不断改进,预应力混凝土技术得到了进一步的推广应用。在结构构件承受外荷载以前,构件受拉区域张拉钢筋,利用钢筋的弹性回缩,对混凝土预先施加压力,这样,构件承受荷载后,该预压应力就能抵消荷载产生的大部分或全部拉应力,从而延缓了裂缝的产生,抑制了裂缝的开展。预应力混凝土能有效利用高强度钢筋和高强度等级混凝土,减少构件截面和结构自重,增加结构的跨度。预应力混凝土克服了普通钢筋混凝土过早开裂、致使构件带裂缝工作、影响构件的耐久性和自重大、使构件跨度受到限制的缺点。

施加预应力的方法主要有:先张法、后张法、后张自锚法、电热法和自张法等。本节主要讲述先张法和后张法的施工工艺。

4.6.1 先张法

先张法是先张拉预应力筋,并将张拉的预应力筋临时固定在台座(或钢模)上,然后浇筑混凝土,待混凝土达到一定强度(一般不低于设计强度的75%),预应力筋和混凝土之间有足够的黏结力时,放松预应力筋,借助黏结力,对混凝土施加预压应力的施工方法。可见,先张法预应力混凝土构件中,预应力是靠钢筋与混凝土之间的黏结力来传递的。

先张法生产可采用台座法和机组流水法。机组流水法需要较高的机械化程度和大量的钢模,且需蒸汽养护,故一般只用在预制生成定型构件。台座法则不需要复杂的机械设备,可露天作业、自然养护(或湿热养护),因此应用较广。图4-59为台座法施工示意图。台座法的工艺流程见图4-60。

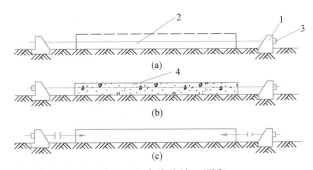

图 4-59　先张法施工顺序
(a) 张拉预应力筋;(b) 浇筑混凝土;(c) 放松预应力筋
1—台座;2—预应力筋;3—夹具;4—构件

4.6.1.1 先张法设备系统

先张法常用的施工设备主要有台座、夹具和张拉设备。

(1) 台座

采用台座法生产预应力混凝土构件时,台座是主要设备之一,它承受了预应力筋全部的拉力,因此台座应有足够的刚度、强度和稳定性,避免因台座发生变形、倾覆和滑移而产生预应力损失。

台座按照构造形式的不同,可分为墩式台座和槽式台座。

墩式台座由台墩、横梁、牛腿及台面组成,如图4-61所示,一般用于生产中小型构件,如屋架、空心板等,其长度通常为50~150m。墩式台座有简易墩式台座、重力墩式台座、构架式台座和桩基构架式台座四种形式,可根据其特点及应用条件选择。墩式台座在设计时应进行抗倾覆、抗滑移验算,台墩横梁、牛腿和延伸部分尚应进行强度验算。

槽式台座一般由钢筋混凝土端柱、传力柱、上横梁、下横梁和台面组成。由于其能承受较大张拉力和倾覆力矩,故常用于生产吊车梁、屋架、薄腹梁等大型构件。槽形台座的

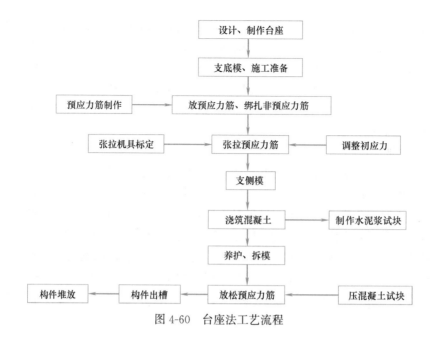

图 4-60 台座法工艺流程

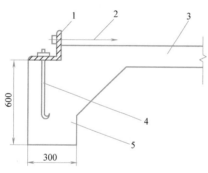

图 4-61 墩式台座

1—角钢；2—预应力筋；3—混凝土台面；

4—预埋螺栓；5—卧梁

长度不宜过长，一般为 45～75m，台座宜和地面相平。槽式台座需进行强度和稳定性计算。

（2）夹具

先张法的夹具分两类：一类是锚固夹具，其作用是将预应力筋固定在台座上；一类是张拉夹具，其作用是张拉时夹持预应力筋。预应力筋类型不同，采用的夹具形式也不同。

先张法中常采用的预应力筋有钢丝和钢筋，夹具也分为钢丝夹具和钢筋夹具。

1）钢丝夹具

常用的钢丝锚固夹具有锥形夹具、楔形夹具两种形式，如图 4-62 所示，两者均属于锥销式体系。

锚固时将锥塞或楔块击入套筒，借助摩擦阻力将钢筋锚固。常用的钢丝张拉夹具有钳式夹具和偏心式夹具两种，如图 4-63 所示。

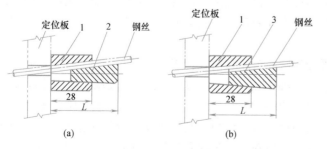

图 4-62 钢丝的锚固夹具

（a）圆锥齿板式；（b）圆锥三槽式

1—套筒；2—齿板；3—锥销

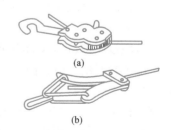

图 4-63 钢丝的张拉夹具

（a）钳式夹具；（b）偏心式夹具

2）钢筋夹具及连接器

钢筋锚固常用螺栓端杆夹具、镦头式和销片式夹具等。采用镦头式夹具需要把直径在22mm以下的钢筋在对焊机上热镦。直径较大时需压模加热，锻打成型。为了检验镦头处的强度，镦头的钢筋须经冷拉。

销片式夹具（图4-64）由套筒和锥形销片组成。销片可采用两片或三片式。套筒内壁锥角要与锥片的锥角吻合。销片的凹槽内采用热模锻工艺直接锻出齿纹，以增强销片和预应力筋间的摩阻力。

张拉钢筋时，如果钢筋长度不足，可采用图4-65所示的连接器。连接器可用于钢筋与钢筋相连，也可用于钢筋与螺栓端杆相连。

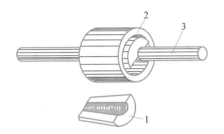

图4-64　两片式销片夹具

1—销片；2—套筒；3—预应力筋

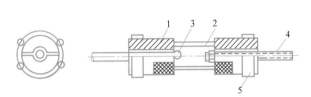

图4-65　套筒双拼式连接器

1—半圆套筒；2—连接器；3—钢筋镦头；4—螺栓端杆；5—钢圈

（3）张拉设备

为了确保施工人员的人身安全和张拉控制力准确，在选择张拉设备时，应保证张拉机具的张拉能力不小于预应力筋张拉力的1.5倍；张拉机具的张拉行程不小于预应力筋张拉伸长值的1.1～1.3倍。

1）预应力钢丝的张拉设备

钢丝的张拉分为单根张拉和多根张拉。用台座法生产构件时，一般采用单根张拉；用机组流水法生产构件时，常采用多根张拉。

单根张拉时，一般采用小型卷扬机或电动螺杆张拉机作为张拉机具。由于张拉力较小，故采用弹簧测力计测力，如图4-66所示。

多根张拉时，一般采用拉杆式千斤顶张拉。将钢丝两端镦粗，通过镦头梳筋板夹具与张拉钩相连，再用连接套筒将张拉钩与拉杆式千斤顶相连即可张拉。

2）预应力钢筋的张拉设备

预应力钢筋的张拉设备分为单根张拉设备和多根成组张拉设备。

① 单根钢筋张拉设备

采用小型卷扬机或电动螺杆张拉机单根张拉，其原理和张拉钢丝相同，但张拉力可达300～600kN。当单根钢筋长度不大时，也可采用拉伸机或穿心式千斤顶张拉。

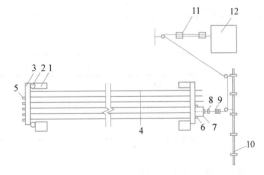

图4-66　用卷扬机张拉预应力筋

1—台座；2—放松装置；3—横梁；4—钢筋；5—镦头；
6—垫块；7—销片夹具；8—张拉夹具；9—弹簧测力计；
10—固定梁；11—滑轮组；12—卷扬机

YC-20穿心式千斤顶张拉方法，如图4-67所示。

② 多根钢筋成组张拉设备

成组张拉需要具有较大张拉力的张拉设备，一般采用油压千斤顶进行张拉，如图4-68所示。这种装置由于千斤顶行程小，需多次回油，工效较低。

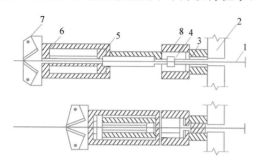

图4-67 YC-20穿心式千斤顶张拉

1—钢筋；2—台座；3—穿心式夹具；4—弹性顶压头；
5、6—油嘴；7—偏心式夹具；8—弹簧

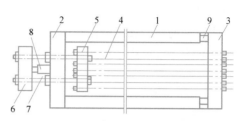

图4-68 油压千斤顶成组张拉

1—台座；2、3—前后横梁；4—钢筋；5、6—拉力架横梁；
7—大螺栓杆；8—油压千斤顶；9—放松装置

4.6.1.2 先张法的张拉工艺

（1）张拉前准备

预应力筋张拉应根据设计要求采用合适的张拉方法，按照合理的张拉程序进行。同时，必须有可靠的质量保证措施和安全保障。

张拉前必须安放好预应力筋。采用钢丝作预应力筋时，应做除油污处理。采用碳素钢丝作预应力筋时，需做刻痕或压波处理。在铺放预应力筋之前，台面及模板上应涂刷隔离剂，以便于脱模，但须采取可靠措施，防止隔离剂沾污预应力筋，影响黏结力。

（2）预应力筋的张拉

预应力筋可单根张拉，也可多根成组张拉。当多根成组张拉时，为了减小台座的倾覆力矩和偏心力，应先张拉靠近台座截面重心处的预应力筋。

张拉时的控制应力直接影响预应力的效果，需按设计规定选用。为了提高构件的抗裂性能，部分抵消因各种因素产生的预应力损失，施工时，一般要进行超张拉。但钢筋的控制应力和超张拉最大应力不应超过表4-9中限值。

控制应力和超张拉最大应力限值　　　　　　　　　　　　　　　表4-9

预应力筋种类	张拉控制应力	超张拉最大应力
消除应力钢丝、钢绞线	$0.75 f_{ptk}$	$0.80 f_{ptk}$
中强度预应力钢丝	$0.70 f_{ptk}$	$0.75 f_{ptk}$
预应力螺纹钢筋	$0.85 f_{pyk}$	$0.90 f_{pyk}$

注：表中 f_{ptk}、f_{pyk} 分别为预应力筋的极限强度标准值和屈服强度标准值。

施工中可采用两种张拉程序：

① 对于预应力钢丝，由于张拉工作量大，宜采用一次张拉法：$0 \rightarrow 1.03\sigma_{con}$。超张拉3%的目的是弥补应力松弛引起的预应力损失。

② 对于预应力钢筋宜采用如下超张拉法：$0 \rightarrow 1.05\sigma_{con} \xrightarrow{\text{持荷 2min}} \sigma_{con}$。超张拉5%并

持荷 2min 的目的在于加速钢筋松弛的早期发展，以减少应力松弛引起的预应力损失（减少 50％左右）。

预应力钢筋的张拉力一般用伸长值校核，在初应力约为 10％σ_{con} 时开始测量。张拉时预应力筋的理论伸长值与实际伸长值的误差在−5％～10％的范围内是允许的。

预应力钢丝张拉时，伸长值不做校核。待锚固完成 1h 后抽查钢丝的预应力值，其误差应在设计规定阶段预应力值的±5％以内。

（3）混凝土浇筑和养护

混凝土的浇筑应在预应力筋张拉、钢筋绑扎和支模后立即进行，一次浇筑完成。浇筑时，混凝土应振捣密实，振动器不应碰撞预应力筋，以避免引起预应力损失。

混凝土可采用自然养护或湿热养护。但应注意，当采用湿热养护时，由于混凝土和预应力筋的线膨胀系数不同，在温度升高时台座长度变化较小而预应力筋伸长，将引起预应力损失。这种温差预应力损失如果在混凝土逐渐硬结时形成，则永远不能恢复。

为了减少温差应力损失，应采用"二次升温养护"，即在混凝土达到一定强度前，预应力筋与台座混凝土的温差一般不应超过 20℃。待混凝土强度达到 7.5MPa（粗钢筋配筋构件）或 10MPa（钢丝、钢绞线配筋构件）以上后，再按一般升温养护。

（4）预应力筋的放张

预应力筋放张时，混凝土强度必须符合设计要求。如设计没有具体要求时，不得低于混凝土强度标准值的 75％。放张过早会产生较大的混凝土弹性压缩而引起预应力损失。

预应力筋的放张顺序如无设计说明应符合下列规定：

1）轴心受预压构件（如压杆、桩等），所有预应力筋应同时放张；

2）偏心受预压构件（如梁等），应同时放张预压力较小区域的预应力筋，再同时放张预压力较大区域的预应力筋；

3）如不能按 1）、2）两项放张时，应分阶段、对称、相互交错地放张，以防止在放张过程中构件发生翘曲、裂纹和预应力筋断裂。

预应力筋放张前，应拆除侧模，使构件自由收缩。对于配置预应力筋数量不多的混凝土构件放张时，可采用钢丝钳剪断、锯割或氧炔焰熔断的方法，从生产线中间处切断；数量较多时，不允许采用逐根突然放张的方法，而应同时放张，以免最后放张的钢丝断裂。放张可采用千斤顶、砂箱或楔块（见图 4-69）。

4.6.2 后张法

后张法是先制作构件，在预应力筋布设的位置预留孔道，待构件混凝土达到规定强度后，在孔道内穿入预应力筋进行张拉并加以锚固，最后进行孔道灌浆。后张法不需要台座设备，适于生产大型构件。但由于把锚具作为预应力筋的组成部分，不能重复使用，因此耗钢量较大，加之施工工艺复杂，成本较高。

图 4-70 为预应力混凝土后张法生产示意图。

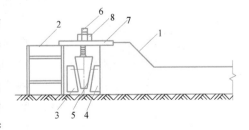

图 4-69 用楔块放张
1—台座；2—横梁；3、4—钢块；5—钢楔块；
6—螺杆；7—承力板；8—螺母

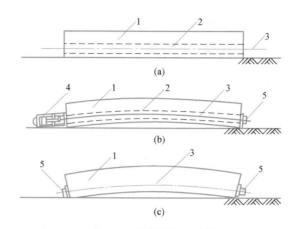

图 4-70　后张法施工过程

（a）制作构件，预留孔道；（b）穿入预应力钢筋张拉并锚固；（c）孔道灌浆

1—混凝土构件；2—预留孔道；3—预应力筋；4—千斤顶；5—锚具

4.6.2.1　后张法设备系统

（1）锚具

锚具是后张法结构构件中为保持预应力筋拉力并将其传递到混凝土上的永久性锚固装置。锚具按其锚固钢筋或钢丝数量分为单根粗钢筋、钢筋束和钢绞线束以及钢丝束锚具。

1）单根粗钢筋预应力筋锚具

单根粗钢筋在后张法施工时，根据构件长度和张拉工艺要求，有一端张拉和两端同时张拉两种张拉方式。一端张拉时，张拉端用螺栓杆锚具，固定端用帮条锚具或者镦头锚具。两端张拉时，则均用螺栓杆锚具。

图 4-71（a）所示即为螺栓端杆锚具。它由螺栓端杆、螺母和垫板组成。在张拉时，将螺栓端杆和预应力筋对焊，张拉螺栓端杆，用螺母锚固预应力筋。螺栓端杆可以采用与预应力筋同级冷拉钢筋制作，也可采用冷拉或热处理 45 号钢制作。螺栓端杆的净截面面积应大于或等于预应力筋截面面积。

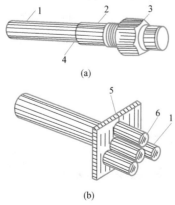

图 4-71　单根筋锚具

（a）螺栓端杆锚具；（b）帮条锚具

1—钢筋；2—螺栓端杆；3—螺母；

4—焊接接头；5—衬板；6—帮条

帮条锚具由帮条和衬板组成，其构造如图 4-71（b）所示。帮条采用与预应力筋同级钢筋，衬板采用 3 号钢。帮条焊接应在冷拉前进行，三根帮条应互呈 120°，与衬板相接触的截面应在同一垂直平面，以免受力扭曲。

当一端张拉时，采用镦头锚具可降低成本。镦头是直接在预应力筋端部热镦、冷镦或锻打成型。

2）钢筋束和钢绞线束预应力筋锚具

钢筋束和钢绞线束预应力筋常用的锚具有 JM 型、XM 型、QM 型、KT-Z 型以及固定端用的镦头锚具等。

JM 型锚具由锚环和夹片组成，根据夹片数量和锚固钢筋类型、根数，有光 JM12-3～6、螺 JM12-3～6 和绞 JM12-5～6 等几种。图 4-72 为 JM12-6 型锚具的构造。JM 锚具的夹片属分体组合型，锚环为单孔，有方形和圆形两种。JM 型锚具利用楔块原理锚固多根预应力筋。它既可作张拉端锚具，又可作固定端锚具和工具锚具。

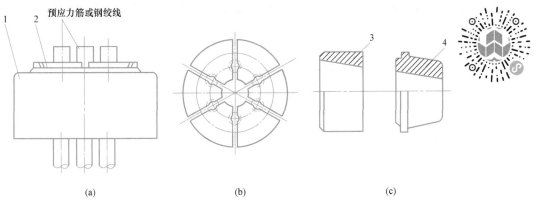

图 4-72　JM 型锚具

（a）JM 型锚具；（b）夹片；（c）锚环

1—锚环；2—夹片；3—圆锚环；4—方锚环

XM 型锚具由孔锚板和夹片组成，根据锚固预应力筋数量，可分为单根 XM 型锚具和多根 XM 型锚具。XM 型锚具既可作张拉锚具，也可作工具锚具。

QM 型锚具和 XM 型锚具相似，不同之处在于：锚孔为直孔；夹片为三片式直开缝。

KT-Z 型锚具（可锻铸铁锥型锚具），由锚环和锚塞组成（图 4-73）。该锚具属半埋式锚具，使用时将锚具小头嵌入承压钢板中焊牢，共同埋入构件端部。

固定端采用镦头锚具，由锚固板和带镦头的预应力筋组成。一般用以替代 KT-Z 锚具和 JM 型锚具，降低成本。

3）钢丝束预应力筋锚具

钢丝束预应力筋常用锚具有钢质锥形锚具、锥形螺杆锚具和镦头锚具。

钢质锥形锚具又称弗氏锚具，属锥销式锚具（图 4-74），适合锚固 6 根、12 根、18 根和 24 根 ϕ^P5 钢丝束。它由锚环和锚塞组成，两者均用 45 号钢制作，锚环内孔锥度和锚塞的锥度一致。为防止钢丝滑动，保证钢丝与锚塞的啮合，锚塞上刻有螺纹状小齿。

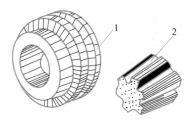

图 4-73　KT-Z 型锚具

1—锚环；2—锚塞

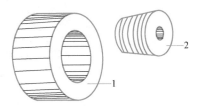

图 4-74　钢质锥形锚具

1—锚环；2—锚塞

锥形螺杆锚具由锥形螺杆、套筒、螺母和垫板组成。锥形螺杆和套筒用 45 号钢制作，螺母和垫片用 3 号钢制作。锥形螺杆锚具适合锚固 14～28 根 ϕ^P5 钢丝束。

镦头锚具的形式和规格可根据需要自行设计，可锚固任意根 ϕ^P5～ϕ^P7 钢丝束。镦头锚具有锚环式和锚板式两种。锚环式镦头锚具用于张拉端，由锚环和螺母组成。锚板式镦头锚具用于固定端，锚环、锚板和螺母一般均采用 45 号钢制作。

在后张法构件生产中，锚具、预应力筋和张拉设备是配套的，预应力筋不同，采用的锚具也不同。表 4-10 所示为常用锚具，供选用时参考。

常用锚具配套选用表   表 4-10

体系	名　称	适用范围	
		预应力筋	张拉机具
螺杆式	螺栓端杆锚具 锥形螺杆锚具 精轧螺纹钢筋锚具	直径 ≤ 36mm 的冷拉 HRB335、HRB400 级钢筋、ϕ^P5 钢丝束、精轧螺纹钢筋	YL600 型千斤顶 YC600 型千斤顶 YC200 型千斤顶
镦头式	钢丝束镦头锚具	ϕ^P5 钢丝束	
锥销式	钢质锥形锚具 KT-Z 型	ϕ^P5 钢丝束 钢丝束、钢绞线束	YZ380,600 和 850 型千斤顶 YC600 型千斤顶
夹片式	JM 型锚具 XM 型锚具 QM 型锚具 单根钢绞线锚具	RRB400 钢丝束、钢绞线束 ϕ^s15 钢绞线束 ϕ^s12、ϕ^s15 钢绞线束 ϕ^s12、ϕ^s15 钢绞线	YC600 与 1200 型千斤顶 YCD1000 与 2000 型千斤顶 YCQ1000,2000 与 3500 型千斤顶 YC180 与 200 型千斤顶
其他	帮条锚具	冷拉 HRB335、HRB400 级钢筋	固定端用

（2）张拉设备

后张法的张拉设备主要有千斤顶和高压油泵。

1）千斤顶

后张法常用的千斤顶有拉杆式千斤顶，也称拉伸机（代号 YL）、锥锚式千斤顶（代号 YZ）和穿心式千斤顶（代号 YC）三种。

拉伸机如图 4-75 所示，主要用于张拉采用螺栓端杆锚具的粗钢筋、锥形螺杆锚具钢丝束和镦头锚具的钢丝束。常用的是 YL-60 型，其最大张拉力为 600kN，张拉行程为 150mm，活塞面积为 16200mm^2，最大工作油压为 40N/mm^2。

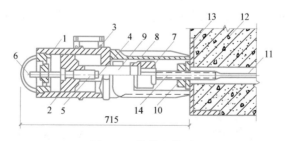

图 4-75　拉伸机构造

1—主缸；2—主缸活塞；3—主缸油嘴；4—副缸；5—副缸活塞；6—副缸油嘴；7—连接器；
8—顶杆；9—拉杆；10—螺母；11—预应力筋；12—混凝土构件；13—预埋钢板；14—螺栓端杆

锥锚式千斤顶如图 4-76 所示，主要用于张拉以 KT-Z 型锚具为张拉锚具的钢筋束和钢绞线束以及以钢质锥型锚具为张拉锚具的钢丝束。常用的有 YZ-36 型和 YZ-60 型。前者的最大张拉力为 360kN，张拉行程为 300mm，最大工作油压为 25.4N/mm^2。后者的最大张拉力为 600kN，张拉行程为 150～300mm，最大工作油压为 30N/mm^2。

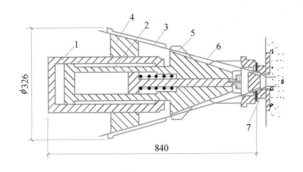

图 4-76 YZ-85 千斤顶构造

1—主缸；2—副缸；3—楔块；4—锥形卡环；5—退楔翼片；6—钢丝；7—锥形锚头

穿心式千斤顶是我国目前常用的张拉千斤顶，主要用于张拉 JM-12 型、XM 型和 QM 型锚具的预应力钢丝束、钢筋束和钢绞线束。穿心式千斤顶加以改装，可作为拉杆式千斤顶和锥锚式千斤顶使用。YC 型千斤顶常用的有 YC60（图 4-77）、YC20D、YCD120、YCD200 和无顶压机构的 YCQ 型千斤顶，其技术性能见表 4-11。

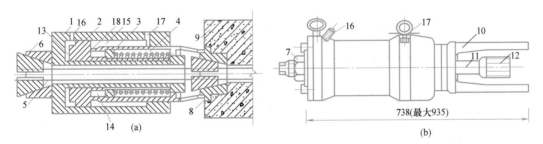

图 4-77 YC-60 型千斤顶

（a）构造及工作原理；（b）加撑脚后的外貌图

1—张拉油缸；2—顶压油缸（即张拉活塞）；3—顶压活塞；4—弹簧；5—预应力筋；6—工具锚；7—螺母；
8—锚环；9—构件；10—撑脚；11—张拉杆；12—连接器；13—张拉工作油室；14—顶压工作油室；
15—张拉回程油室；16—张拉缸油嘴；17—顶压缸油嘴；18—油孔

穿心式千斤顶技术性能表　　　　　　　　　　表 4-11

项次	技术性能	YC60	YC20D	YCD120	YCD200
1	最大张拉力(kN)	600	200	1200	2000
2	最大行程(mm)	200	200	180	180
3	张拉缸活塞面积(mm^2)	20000	5110	29000	44000
4	工作油压(N/mm^2)	32	40	50	50
5	顶压缸活塞面积(mm^2)	11400			
6	顶压力(kN)	350			

2）高压油泵

高压油泵主要提供高压油，与千斤顶配套使用，是千斤顶的动力和操纵部分。目前常用油泵型号有：ZB0.8/500、ZB0.6/630、ZB4/500 和 ZB10/500 等。

ZB4/500 型油泵是预应力筋张拉的通用油泵。其外形尺寸为 745mm×494mm×1052mm，采用 10 号或 20 号机械油，油箱容量为 42L，有 2 个出油嘴，每个出油嘴的额定排量为 2L/s。

4.6.2.2　后张法施工工艺

后张法预应力混凝土构件的施工工艺流程如图 4-78 所示，这里只介绍与预应力有关的施工工艺。

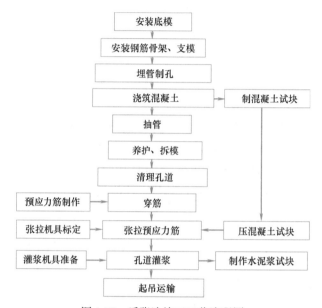

图 4-78　后张法施工工艺流程图

（1）孔道留设

孔道形状有直线、曲线和折线，由设计方根据构件受力性能，并参考张拉锚固体系来决定。孔道直径对于粗钢筋比预应力筋直径大 10～15mm；对于钢丝束或钢绞线束比其大 5～10mm。孔道间距不小于 50mm；孔道至边缘净距不小于 40mm。

后张法中孔道留设常用的方法有钢管抽芯法、胶管抽芯法和预埋波纹管法。前两者所用的钢管和胶管可重复使用，造价低廉但施工较烦琐；后者为一次性埋入铁皮管或波纹管，虽施工简单但造价较高。施工时，依据实际情况选用合适的孔道留设方法。

1）钢管抽芯法

钢管抽芯法用于直线孔道的留设。构件的模板和非预应力钢筋安装完成后，把钢管预埋在需要留设孔道的部位。一般采用钢筋井字架（图 4-79）固定钢管，接头处用铁皮套管连接（图 4-80）。在混凝土浇筑和养护期间，每隔一段时间要慢慢转动钢管一次，防止钢管与混凝土黏结，待混凝土终凝前抽出钢管，构件中形成孔道。

2）胶管抽芯法

胶管抽芯法用于留设直线、曲线和折线的孔道。胶管一般用 5～7 层夹布胶管或者预应力混凝土专用的钢丝网胶皮管。后者与钢管的使用方法相同，只不过混凝土浇筑后无需转动。前者在使用前，必须充水或充气。将胶管一端外表面削去 1～3 层胶皮或帆布，然

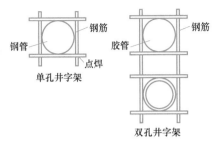

图 4-79　井字架

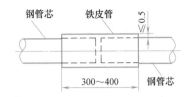

图 4-80　铁皮套管

后插入带有粗丝扣的一端密闭的钢管，再用钢丝把胶管和钢管连接处密缠牢固，如图 4-81（a）所示。胶管的另一端接上充水或充气用的阀门，采用同样的方法密封，如图 4-81（b）所示。抽管前，先放水或放气降压使胶管孔径变小，从而使胶管与混凝土脱离，抽出成孔。

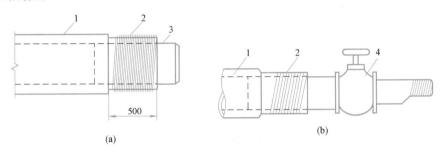

图 4-81　胶管密封

（a）胶管封端；（b）胶管与阀门连接

1—胶管；2—20 号铅丝密缠；3—钢管堵头；4—阀门

3）预埋波纹管法

预埋管法用于预应力筋密集、曲线配筋、抽管困难或有特殊要求等情况。一般是埋入薄钢管、镀锌钢管或金属螺旋管（波纹管）成孔。金属螺旋管是用冷轧钢带或镀锌钢管在卷管机上压波后螺旋咬合而成。一般每根长度为 4～6m，当长度不足时，采用大一号的同型螺旋管连接。金属螺旋管具有重量轻、刚度大、弯折方便、连接容易、与混凝土黏结良好等优点，可制成各种形状的孔道，是现代后张法预应力筋孔道成型的理想材料。

（2）预应力筋下料长度计算

预应力钢筋的下料长度与构件长度、锚具类型、张拉设备有关。这里只介绍其中三种情况下的预应力筋长度计算。

1）单根预应力粗钢筋、两端用螺栓端杆锚具时，预应力钢筋下料长度计算。

单根粗预应力筋的制作一般包括配料、对焊、冷拉等工序。单根预应力钢筋主要采用直径在 12～36mm 的精轧螺纹钢筋。其下料长度应由计算确定。

当两端采用螺栓端杆锚具时（图 4-82），预应力筋成品长度，即预应力筋和螺栓端杆对焊并经冷拉后的全长 L_1，由图 4-82 可知：

$$L_1 = l + 2l_2 \tag{4-13}$$

式中　l——构件的孔道长度；

l_2——螺栓端杆伸出构件外的长度（mm），按下式计算：

张拉端：
$$l_2 = 2H + h + 0.5\text{cm} \tag{4-14}$$

锚固端：
$$l_2 = H + h + 1\text{cm} \tag{4-15}$$

式中 H——螺母高度；

h——垫板厚度。

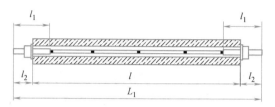

图 4-82　单根预应力粗钢筋、两端用螺栓端杆锚具时，预应力筋下料长度计算

预应力筋部分的成品长度，即冷拉后需要达到的长度 L_0 为：
$$L_0 = L_1 - 2l_1 \tag{4-16}$$

式中 l_1——螺栓端杆长度。

预应力筋部分的下料长度 L 为：
$$L = \frac{L_0}{1 + \gamma - \delta} + n\Delta \tag{4-17}$$

式中 γ——由试验测定的钢筋冷拉拉长率；

δ——由试验测定的钢筋冷拉弹性回缩率；

Δ——每个对接焊头的压缩量，一般为 20～30mm；

n——对接焊头的数量。

2）当预应力筋一端用螺栓端杆锚具，另一端用帮条锚具（或镦头锚具）时（图 4-83），预应力钢筋下料长度计算：

$$L_1 = l + l_2 + l_3$$
$$L_0 = L_1 - l_1 \tag{4-18}$$
$$L = \frac{L_0}{1 + \gamma - \delta} + n\Delta \tag{4-19}$$

式中 l_3——镦头或帮条锚具长度（包括垫板厚度 h）。

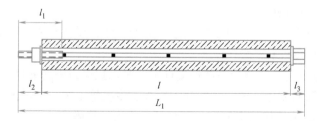

图 4-83　单根预应力粗钢筋、一端用螺栓端杆锚具、另一端用帮条锚具时，预应力筋下料长度计算

（3）预应力钢筋束下料长度计算

预应力钢筋束制作一般包括开盘冷拉、下料和编束。对于预应力钢绞线束，在张拉前应采用钢绞线抗拉强度 85％的预拉应力预拉，但如果出厂前已经过低温回火处理，则可

不必预拉。编束时，把钢筋或钢绞线理顺，用钢丝每1m左右绑扎一道。

预应力钢筋束或钢绞线束的下料长度L可按下式计算（图4-84）：

两端张拉：

$$L = l + 2(l_4 + l_5 + a_3) \tag{4-20}$$

一端张拉：

$$L = l + 2(l_4 + a_3) + l_5 \tag{4-21}$$

式中 l_5——千斤顶分丝头至卡盘外端距离；

a_3——钢丝束端头预留量。

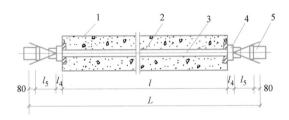

图4-84　采用钢质锥形锚具时钢丝下料长度计算简图
1—混凝土构件；2—孔道；3—钢丝束；4—钢质锥形锚具；5—锥锚式千斤顶

（4）预应力筋张拉

预应力筋张拉前，应提供构件混凝土的强度试验报告。当混凝土的立方体抗压强度满足设计要求时，方可施加预应力。如设计无要求，则不应低于设计强度等级的75%。

1）预应力筋的张拉方式

预应力张拉方式主要有以下几种：

① 一端张拉：主要适合于钢筋长度小于30m的直线预应力筋张拉。

② 两端张拉：主要适合于钢筋长度大于30m的直线预应力筋张拉。曲线预应力筋为减少孔道摩擦引起的预应力损失，也采用两端张拉。两端张拉有两端同时张拉和一端先张拉并锚固后再张拉另一端两种方式。前一种适用于锚具变形损失不大且设备充足的情况；后一种主要在只有一台张拉设备或为了减少锚具变形损失时应用。

③ 分段张拉：一般大跨度多跨连续梁桥在分段施工时采用分段张拉，相邻段预应力筋用锚头连接器接长（图4-85）。

2）预应力筋之间张拉顺序。

当预应力筋数量多于设备数量时，不能做到同时张拉，需要分批张拉。同一批次内，应同时张拉，但张拉端要对称。不同批次预应力筋的张拉顺序，应遵守以下原则：①对称张拉（即构件不产生扭转与侧弯）；②尽量减少张拉设备移动次数。

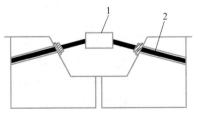

图4-85　连接器接长
1—连接器；2—预应力筋

图4-86为预应力屋架下弦杆钢丝束的张拉顺序；图4-87为吊车梁预应力筋的张拉顺序。

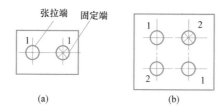

图 4-86　屋架下弦杆预应力筋张拉顺序

(a) 两束；(b) 四束

1、2—预应力筋分批张拉顺序

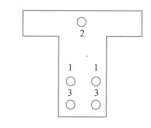

图 4-87　吊车梁预应力筋张拉顺序

1、2、3—预应力筋分批张拉顺序

3）张拉力的施加方法。

① 每根钢筋（或钢筋束、钢丝束）张拉力的施加程序。

i）(a) $0 \rightarrow \sigma_{con}$

ii）(b) $0 \rightarrow 1.03\sigma_{con}$

iii）(c) $0 \rightarrow 1.05\sigma_{con} \xrightarrow{\text{持荷 2min}} \sigma_{con}$

选用哪种程序由设计规定（和预应力损失取值有关），一般采用第二种施加程序。

② 同一构件分批张拉时张拉力的施加。

分批张拉可能产生的问题是后批张拉使前批张拉筋产生预应力损失。为了避免应力损失，常采用超张拉和补张拉。

所谓超张拉，就是在先批张拉时超过设计控制应力值张拉，其目的就是要弥补后批张拉使前批张拉筋产生的预应力损失。超张拉的优点在于张拉次数少，因此应尽可能应用。需要提醒的是，用超张拉法施加张拉力时，还要考虑每根预应力筋的张拉力施加程序 $0 \rightarrow 1.03\sigma_{con}$，即在计算各批张拉力时要乘以 1.03。

先批张拉预应力筋需要增加的应力为：

$$\Delta\sigma = E_s \cdot \delta = E_s \cdot \frac{\sigma_c}{E_c} = \frac{E_s}{E_c} \cdot \sigma_c = n \cdot \sigma_c$$

$$\sigma_c = \frac{(\sigma_{con} - \sigma_{l1}) \cdot A_p}{A_n} \tag{4-22}$$

式中　E_s——钢筋的弹性模量；

E_c——混凝土的弹性模量；

n——钢筋与混凝土的弹性模量比；

σ_c——后批张拉时对构件产生的法向压应力；

σ_{l1}——预应力筋的第一批预应力损失（指锚具变形和摩擦损失）；

A_p——后批预应力筋截面积；

A_n——混凝土构件净截面积。

当设备数量少，而张拉批次多时，很可能造成最先拉的几批预应力筋需增加的应力值很大，以至超过规定的最大张拉应力，这时不能用超张拉，只能采用补张拉。所谓补张拉就是先分别按正常控制应力进行张拉，张拉完毕后，再对各前批预应力筋补加张拉应力 $\Delta\sigma = n\sigma_c$。

③ 叠浇构件张拉力的施加方法。

叠浇构件重叠层数 3～4 层，张拉时先上后下（图 4-88）。这种情况下，上层构件产生的水平摩阻力会阻止下层构件预应力筋张拉时混凝土弹性压缩的自由变形，当上层构件吊起后，摩阻力消失，构件要收缩，从而引起预应力损失。为了避免预应力损失，应自上而下逐层加大张拉力，如图 4-89 所示，逐层增加的张拉力百分数须符合表 4-12 的规定。

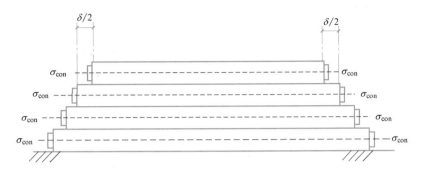

图 4-88 叠层构件张拉时下层构件变形受到限制

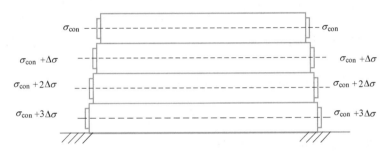

图 4-89 张拉力的施加方法

平卧重叠浇筑构件逐层增加的张拉力百分数 表 4-12

预应力筋类别	隔离剂类别	逐层增加的张拉力百分数			
		顶层	第二层	第三层	底层
高强钢丝束	塑料薄膜、油纸、废机油、滑石粉、纸筋灰、石灰水、柴油石膏	0 0 0	1.0 1.5 2.0	2.0 3.0 3.5	3.0 4.0 5.0
HRB335 级冷拉钢筋	塑料薄膜、油纸、废机油、滑石粉、纸筋灰、石灰水、柴油石膏	0 1.0 2.0	2.0 3.0 4.0	4.0 6.0 7.0	6.0 9.0 10.0

（5）张拉伸长值的校核

后张法常采用应力控制法进行张拉，并校核伸长值，以防止张拉力不足、孔道摩阻损失偏大以及预应力筋异常等现象的出现。

张拉实际伸长值 L 按下式计算：

$$L = \Delta L_1 + \Delta L_2 - \Delta L_c \tag{4-23}$$

式中　ΔL_1——从初应力至最大张拉力之间的实测伸长值；

　　　ΔL_2——初应力以下的推算伸长值；

　　　ΔL_c——混凝土压缩及锚具塞紧时预应力筋的内缩。

初应力以下的推算伸长值 ΔL_2 采用图解法确定。如图 4-90 所示,将各级张拉力的伸长值标在图上,绘成张拉力与伸长值关系曲线 CAB,此曲线与横坐标的交点到坐标原点的距离 OO' 即为推算伸长值 ΔL_2。当实际伸长值比计算伸长值大 10%或小 5%时,应停止张拉,并采取调整措施。

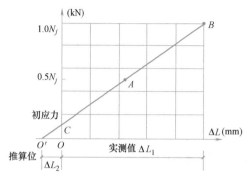

图 4-90 预应力筋实际伸长值图解

（6）孔道灌浆

预应力筋张拉后,应及时进行孔道灌浆,防止预应力钢筋锈蚀,增加结构的整体性和耐久性,提高结构的抗裂性能。

灌浆材料应具有足够强度（>25MPa）和黏结力、较大流动性、较小的干缩性和泌水性（加外加剂）。灌浆用施工设备为灌浆机,灌浆压力以 0.5～0.6MPa 为宜。

灌浆前,水泥浆必须过滤,并用压力水将孔道冲刷干净。灌浆顺序为先下后上。直线孔道灌浆,应从构件一端到另一端;曲线孔道灌浆,应从孔道最低处向两端进行。

灌浆工作应在常温下连续进行,并确保排气畅通。

思　考　题

4-1　请简述钢筋工程中冷拉、冷拔实施过程。

4-2　模板应满足哪些要求?

4-3　混凝土施工主要包括哪些过程?

4-4　请简述混凝土制备过程中配合比的计算步骤。

4-5　请简述大体积混凝土施工存在的主要问题。

4-6　简述施加预应力的方法。

4-7　请简述先张法和后张法。

5 构件吊装

装配式结构是工厂化制作构件、施工现场组装的建造方式。与现浇钢筋混凝土施工相比，装配式结构建造方式降低了对环境的负面影响，有利于组织绿色施工，是我国建造方式发展的重要方向之一。

装配式结构构件施工包括两部分，一是将构件吊装到指定位置，二是将构件连接成整体。其施工特点有：受构件的类型和质量的影响大；正确选用起重机具是完成吊装任务的基础；构件的应力状态变化大；高空作业多，容易发生事故，必须采取可靠的安全措施。

本章重点介绍构件的吊装施工。

5.1 起重机械

起重机械是构件吊装的主要施工设备，对构件安装起决定性作用。常用起重机械包括自行杆式起重机、桅杆式起重机和塔式起重机三大类。

5.1.1 起重机械的种类和特点

5.1.1.1 自行杆式起重机

（1）自行杆式起重机的种类及应用

自行杆式起重机具有自行走、全回转和机动性好等特点，起重臂可升降，起重参数可调，可适应不同安装要求。根据行走机构特点分为轮胎式起重机、履带式起重机和汽车式起重机三种，如图5-1～图5-3所示。自行杆式起重机多用于厂房安装和构件装卸。

图 5-1　QL3-16 轮胎式起重机　　　　　　图 5-2　履带式起重机

（2）技术参数及其之间关系

自行杆式起重机吊装的技术参数包括起重量、起重高度和起重半径，如图5-4所示。三种参数之间存在一定关系。

起重量 Q：在一定起重半径下，起重机能吊起的最大重量（t）。

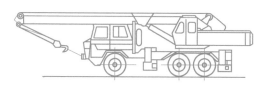

图 5-3　QY-16 型汽车式起重机

起重高度 H：在一定起重半径下，起重机将构件吊起的最大高度，即从停机面到吊钩所能升到的最高点之间的距离（m）。

起重半径 R：起重机回转中心到吊钩之间的水平距离（m）。

三个参数可分别在一定区间内变化，三参数都受起重臂长和起重臂仰角的制约，如图 5-5 所示。由图可知：起重臂长一定，仰角增大，起重半径减小，起重高度、起重量增大；仰角减小，起重半径增大，起重高度、起重量减小。

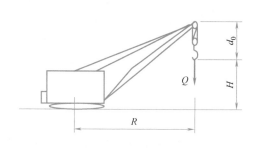

图 5-4　技术参数示意图

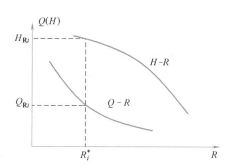

图 5-5　起重参数之间的关系

5.1.1.2　桅杆式起重机

桅杆式起重机需要现场设计、加工制作，若起重机结构的强度、刚度、稳定性较高，则起重高度和起重量可以很大，如有的金属格构式独脚拔杆，起重高度可达 75m，起重量可达 100t 以上。桅杆式起重机的起重半径 R、起重量 Q、起重高度 H 的变化范围很小，有时是固定的。根据支撑结构特点，桅杆式起重机分为独脚拔杆（图 5-6）、人字拔杆（图 5-7）和悬臂拔杆（图 5-8）等几种。桅杆式起重机需设较多的缆风绳，移动较困难，灵活性也较差，一般在缺少起重机或起重机起重能力不足时采用。

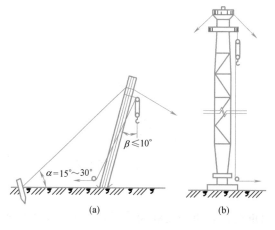

图 5-6　独脚拔杆

（a）木拔杆；（b）格构式金属拔杆

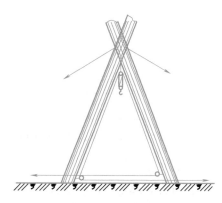

图 5-7　人字拔杆

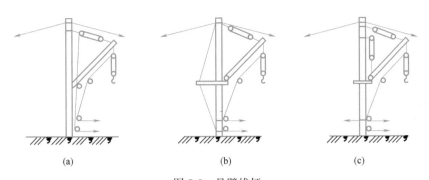

图 5-8　悬臂拔杆

（a）一般形式；（b）带加劲杆；（c）起重臂杆可沿拔杆升降

5.1.1.3　塔式起重机

塔式起重机具有起重高度和工作幅度大、效率高等特点，多用于多层及高层建筑施工，按行走机构可分成轨道式（图 5-9）、爬升式和附着式三种类型。爬升式起重机的爬升过程如图 5-10 所示，附着式起重机的锚固如图 5-11 所示，顶升过程如图 5-12 所示。

塔式起重机的参数包括起重高度、起重力矩、工作幅度和起重量，其中，起重力矩＝工作幅度×起重量。常用起重机的技术参数见表 5-1 和表 5-2。

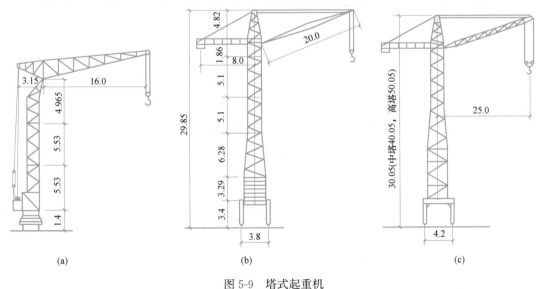

图 5-9　塔式起重机

（a）QT1-2 型塔式起重机；（b）QT1-6 型塔式起重机；（c）QT60/80 型塔式起重机

QT1-2 型塔式起重机起重性能　　　　　　　　　　　表 5-1

工作幅度（m）	起重量（t）	起重高度（m）
8	2	28.3
10	1.6	26.9
12	1.33	25.2
14	1.14	22.5
16	1	17.2

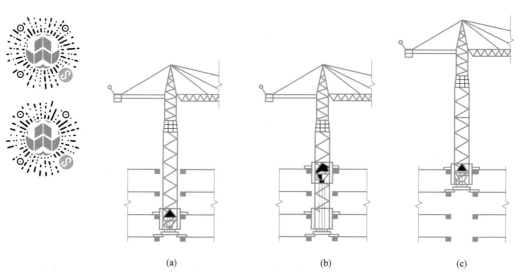

图 5-10　爬升式塔式起重机爬升过程示意图

（a）准备状态；（b）提升套架；（c）提升塔身

QT4-10 型塔式起重机的起重性能　　　　　　　　　　表 5-2

安装形式	臂长（m）	工作幅度（m）	滑轮组倍率	起重高度（m）	起重量（t）
固定式或行走式	30	3～16	2	40	5
			4	40	10
		20	2	40	5
			4	40	8
		30	2	40	5
			4	45	5
			4	50	4
	35	3～16	2	40	4
			4	40	8
		25	2	40	5
			4	40	
		35	2	40	3
			4	45	4
			4	50	3.4
附着式或爬升式	30	3～16	2	160	5
			4	80	10
		20	2	160	5
			4	60	10
		30	2	160	5
			4	80	10
	35	3～16	2	160	4
			4	80	8
		25	2	160	4
			4	80	
		35	2	160	3
			4	80	4

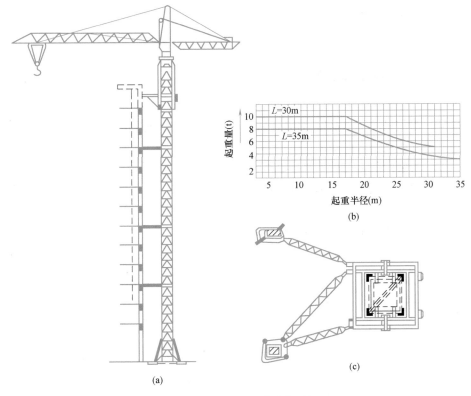

图 5-11 QT4-10 型塔式起重机

（a）全貌图；（b）性能曲线；（c）锚固装置图

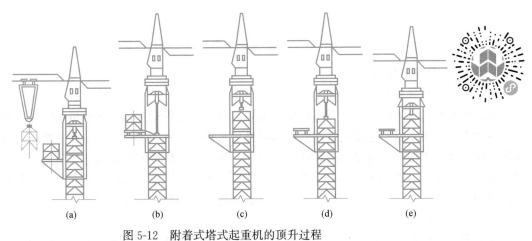

图 5-12 附着式塔式起重机的顶升过程

（a）准备状态；（b）顶升塔顶；（c）推入标准节；（d）安装标准节；（e）塔顶与塔身连成整体

5.1.2 构件吊装的技术参数计算

构件吊装的技术参数包括起重量、起重高度和起重半径。

5.1.2.1 起重量和起重高度的计算

（1）构件安装要求的起重量 Q 为：

$$Q \geqslant Q_1 + Q_2 \qquad (5-1)$$

式中　Q——起重机的起重量（t）；

　　Q_1——构件重量（t）；

　　Q_2——索具重量（t）。

（2）构件安装要求的起重高度 H 为：

$$H \geqslant h_1 + h_2 + h_3 + h_4 \tag{5-2}$$

式中　H——起重机的起重高度（m），从停机面至吊钩的垂直距离；

　　h_1——安装支座表面高度（m），从停机面算起；

　　h_2——安装间隙，一般不小于 0.3m；

　　h_3——绑扎点至构件吊起后底面的距离（m）；

　　h_4——索具高度，即绑扎点与吊钩之间的距离，不小于 1m。

构件安装要求的起重高度 H 的计算可参见图 5-13。

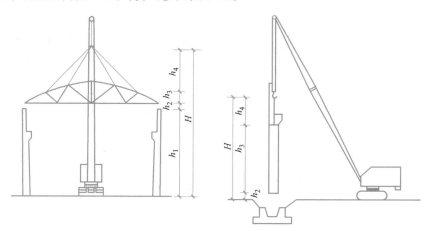

图 5-13　履带式起重机起重高度计算简图

5.1.2.2　起重半径的计算

（1）构件安装场地对起重半径的限制

构件安装场地有障碍物时，起重机不能无限制地开到构件附近，使起重机不能按设备最小起重半径起吊，这时起重机安装高度和起重量不是最大值。因此，一台起重机能否将构件吊起，光知道构件起重量和起重高度还不够，还要看在构件安装场地起重机能开到构件附近的最近距离，即场地最小起重半径。所选起重机械应满足：在该最小起重半径上所能达到的起重量和起重高度大于构件安装所要求的起重量和起重高度。

（2）场地最小起重半径的确定

一般情况，起重机可以不受限制开到构件附近，没有场地最小起重半径，这时起重机可按照设备最小起重半径起吊。

当构件和起重机之间的地面上有障碍，起重机不能开到构件附近时，场地最小起重半径等于障碍物与构件安装位置之间的距离，如图 5-14 所示。

当构件和起重机之间的空中有障碍，起重机也不能自由地开到构件附近时，确定最小起重半径较复杂，需要根据起重臂不与空中障碍相碰撞的条件来确定。

下面以单层厂房屋面板吊装为例，介绍场地最小起重半径的计算方法。

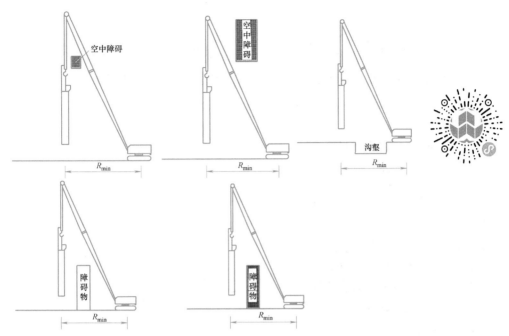

图 5-14　地面有障碍时最小起重半径的确定

　　吊装屋面板时，起重机要跨过屋架，若停机点离屋架太近，起重臂容易与屋架碰撞，因此存在一个现场所要求的最小起重半径。求该场地最小起重半径有解析和图解两种方法。

　　1）解析法

　　如图 5-15 所示，设起重臂长为 L，起重臂下铰至屋面板吊装支座的高度为 h，起重钩需跨过已安装好结构的距离为 f，起重臂轴线与已安装好结构间满足不碰撞的最小水平距离为 g，则起重臂与屋架之间的不碰撞条件为：

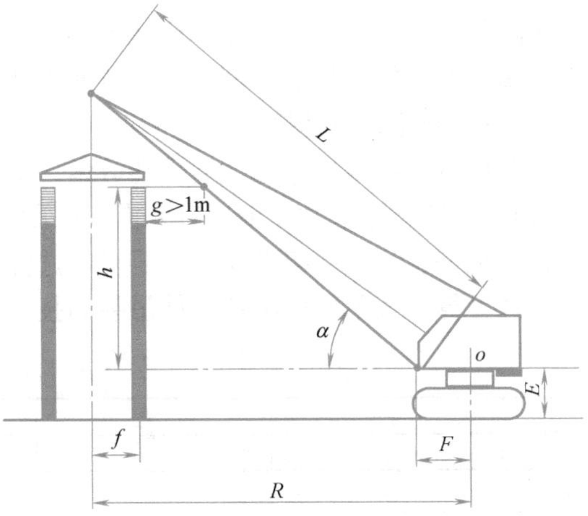

图 5-15　用解析法求最小起重臂长

$$L\cos\alpha - \frac{h}{\tan\alpha} - f \geqslant g$$

即

$$L \geqslant \frac{h}{\sin\alpha} + \frac{f+g}{\cos\alpha} \tag{5-3}$$

　　显然，$\dfrac{h}{\sin\alpha} + \dfrac{f+g}{\cos\alpha}$ 是 α 的函数。

令

$$\frac{h}{\sin\alpha} + \frac{f+g}{\cos\alpha} = L(\alpha)$$

　　$L(\alpha)$ 存在最小值。L 的最小值就是 $L(\alpha)$ 的最小值。

　　令

$$\frac{\mathrm{d}L}{\mathrm{d}\alpha} = \frac{-h\cos\alpha}{\sin^2\alpha} + \frac{(f+g)\sin\alpha}{\cos^2\alpha} = 0$$

可得
$$\alpha = \arctan \sqrt[3]{\frac{h}{f+g}} \qquad (5\text{-}4)$$

即 $\alpha = \arctan \sqrt[3]{\dfrac{h}{f+g}}$ 时，$L(\alpha)$ 有最小值 $L_{\min}$。根据 $L_{\min}$ 选择起重机的臂长 L^*，根据 L^*、g，可求出起重臂工作仰角 α^*，进而求出起重机工作时起重半径：

$$R^* = L^* \cos\alpha^* + F \qquad (5\text{-}5)$$

2）图解法

如图 5-16 所示，图解法步骤如下。

首先，按比例绘出构件的安装标高、柱距中心和停机面线。根据 $(h_1+h_2+h_3+h_4+d_0)$ 在柱距中心线上确定点 P_1 位置；根据 $g=1\text{m}$ 确定点 P_2 位置；根据起重机的 E 值绘出平行于停机面的水平线 GH。然后，连接 P_1P_2，并延长使之与 GH 相交于点 P_3（此点即为起重臂下端的铰点）。量出 P_1P_3 的长度，即为所求的起重臂的最小长度。

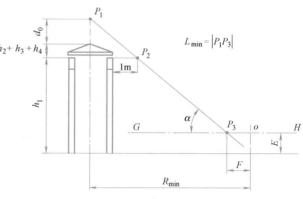

图 5-16　用图解法求最小起重臂长

（3）实际起重半径的确定

实际起重半径应大于或等于场地最小起重半径。一般起重半径越小，施工越安全，因此实际施工所用的半径要尽可能小，故通常选实际起重半径等于最小起重半径。

5.1.3　起重设备选择

起重设备选择包括类型、型号和数量。下面以单层厂房为例介绍设备选择。

（1）类型选择：单层工业厂房吊装一般采用自行杆式起重机，而且多为履带式起重机。

（2）根据各种构件起重参数的要求，选择起重机型号。

经过计算，某单层厂房各构件吊装的技术参数如表 5-3 所示。

某单层厂房各构件吊装的技术参数　　　　　　　　　　表 5-3

构件	柱		梁		屋架		板		…
	Z1	Z2	L1	L2	WJ1	WJ2	B1	B2	
Q_i	7.4		6.2		5.2		2.3		
H_i	9.7		8.7		17.7		18		
R_i							15		
$L_{\min}$							21		

根据表 5-3 查起重机的性能曲线图表，使所选起重机械满足所有构件的起重要求，便可确定起重机的型号为 W1-100 型履带式起重机。

（3）起重机数量

$$N = \frac{1}{T \cdot C \cdot K} \sum \frac{Q_i}{P_i} \qquad (5\text{-}6)$$

式中　N——起重机数量；

　　　T——工期（d）；

　　　C——每天工作班数；

K——时间利用系数，0.8～0.9；

Q_i——每种构件的安装工程量（件或 t）；

P_i——起重机相应的产量定额（件/台班或 t/台班）。

5.2 构件的吊装工艺

构件的吊装包括施工准备、绑扎、起吊、对位、临时固定、校正和永久固定等过程，具体施工方法详见相关施工手册，这里主要介绍绑扎和起吊。

5.2.1 构件绑扎

构件绑扎要综合考虑柱的形状、长度、截面、配筋、起吊方法及起重机性能等因素确定绑扎方法、绑扎点的数目和位置。由于构件起吊时的受力与构件安装后的受力不一致，导致在起吊过程中产生附加应力，因此，构件绑扎点的位置和数目应按照附加应力最小的原则来确定。

5.2.1.1 柱的绑扎

通常，柱子采用一点或两点绑扎，长、细柱抗弯能力低，可采用多点绑扎。柱绑扎方法有斜吊绑扎和直吊绑扎两种，直吊绑扎容易就位对正，但需要起重机的起重高度比斜吊绑扎法高。柱绑扎点位于牛腿下 200mm 处，如图 5-17 所示。

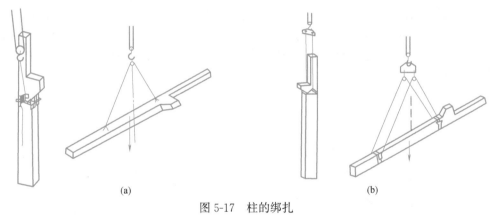

(a)   (b)

图 5-17 柱的绑扎

(a) 斜吊绑扎；(b) 直吊绑扎

5.2.1.2 屋架的绑扎

梁、板、拱片、屋架、天窗架等构件多采用多点绑扎。屋架绑扎点数目取决于屋架的形式和跨度，如图 5-18 所示，一般应经吊装验算确定。绑扎点位置按照起吊附加应力最小和便于预埋件施工的原则确定。屋架的绑扎点应选在上弦节点处，左右对称，并高于屋架重心，以免屋架起吊后晃动和倾翻。在起吊过程中吊索保持与水平面夹角大于 45°，当构件尺寸很大时，要保证吊索与水平面夹角大于 45°所需起重高度会很大，这时可以采用横吊梁方法减小起重高度，如图 5-18（c）、（d）所示。

5.2.2 构件的起吊

5.2.2.1 柱的起吊

根据起吊过程中柱的运动特点，柱的起吊方法分为：旋转法和滑行法；根据起重机台数分为：单机起吊和双机抬吊。于是，柱的起吊方法包括：单机旋转法起吊、单机滑行法

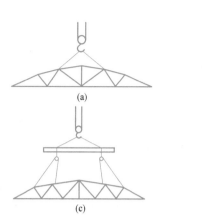
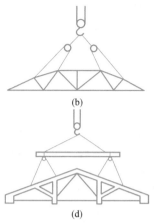

图 5-18 屋架绑扎方法

(a) 两点绑扎（跨度小于或等于 18m 时）；(b) 四点绑扎（跨度大于 18m 时）；
(c) 横吊梁，四点绑扎（跨度大于或等于 30m 时）；(d) 三角形组合屋架

起吊、双机旋转法起吊和双机滑行法起吊。

（1）单机旋转法起吊

如图 5-19 所示，单机旋转法起吊特点是柱在吊升过程中柱身绕柱脚旋转而逐渐直立，该方法要求柱布置成三点共弧，不能三点共弧也要两点共弧。这种起吊方法的优点是效率高，柱不受振动；缺点是起重机运动幅度大，重柱起吊时起重机失稳可能性增加。一般当起重机机动性好（如自行杆起重机）、被吊构件为中小型柱、柱按旋转法起吊要求布置时采用此方法。

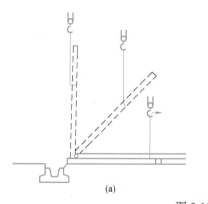
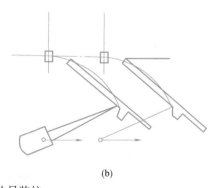

图 5-19 旋转法吊装柱

（a）柱吊升过程；(b) 柱平面布置

旋转法起吊要求柱布置成三点共弧或两点共弧是因为柱的不同布置形式对起重机操作及施工效率有影响。柱三点共弧布置时，起重机升钩、回转，效率较高；柱两点共弧布置时，起重机升钩、回转、变幅，效率其次；柱任意布置时，起重机升钩、回转、变幅还要负荷行走，效率最低。因此，为了提高施工效率应尽量采用三点共弧，不能三点共弧时也要两点共弧。

（2）单机滑行法起吊

如图 5-20 所示，单机滑行法起吊特点是柱脚沿地面滑行逐渐直立，柱的布置要求绑

扎点位于基础附近就可以。该方法优点是起重机稳定性好，施工安全；缺点是效率不如旋转法高，柱沿地面滑行时产生振动。一般在重柱、长柱、柱的布置场地狭窄、不适合旋转法起吊或采用桅杆式起重机时采用此方法。

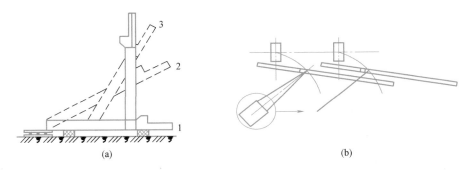

图 5-20 滑行法吊装柱
（a）柱吊升过程；（b）柱平面布置

（3）双机旋转法起吊

双机旋转法起吊如图 5-21 所示，两台起重机将构件吊起后同时升钩并回转，但回转方向相反。

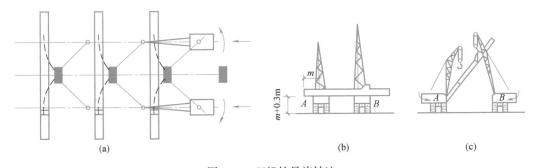

图 5-21 双机抬吊旋转法
（a）柱的平面布置；（b）双机同时提升吊钩；（c）双机同时向杯口旋转

（4）双机滑行法起吊

双机滑行法起吊如图 5-22 所示，两台起重机同时升钩将柱吊起，柱沿地面滑行。

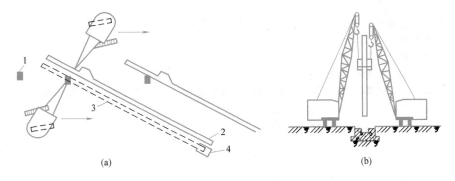

图 5-22 双机抬吊滑行法
（a）俯视图；（b）立面图
1—基础；2—柱预制位置；3—柱翻身后位置；4—滚动支座

（5）双机抬吊时起重机负荷分配

双机抬吊时每台起重机负荷分配取决于吊点和构件重心位置。如图 5-23 所示，其负荷分配可按下式计算：

$$P_1 = 1.25Q \frac{d_2}{d_1 + d_2}$$

$$P_2 = 1.25Q \frac{d_1}{d_1 + d_2}$$

(5-7)

式中　Q——柱的重量（t）；

　　　P_1——第一台起重机的负荷（t）；

　　　P_2——第二台起重机的负荷（t）；

d_1、d_2——分别为起重机吊点至柱中心的水平距离（m）；

　　1.25——超负荷系数。

5.2.2.2　其他构件起吊

屋架、梁、板、拱片、天窗架等构件均采用水平起吊，板式构件为了提高效率，在起重参数允许范围内，可采用多块迭吊或多块平吊方法，起吊方法如图 5-24 所示。

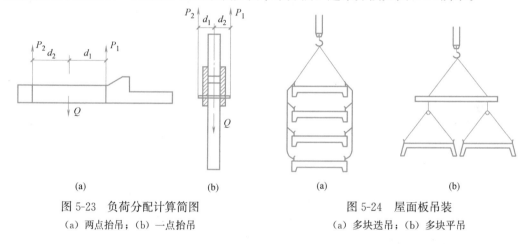

图 5-23　负荷分配计算简图	图 5-24　屋面板吊装
（a）两点抬吊；（b）一点抬吊	（a）多块迭吊；（b）多块平吊

思　考　题

5-1　常用的起重机械有哪些？使用范围是什么？请给出各自特点。

5-2　构件吊装的技术参数有哪些？如何控制？

5-3　试述旋转法和滑行法吊装特点、优缺点、应用条件。

5-4　旋转法对柱布置有哪些要求？

5-5　柱的"三点共弧""两点共弧"布置时，使用旋转法起吊起重机操作特点是什么？

5-6　屋架绑扎点位置、数量有哪些要求？

5-7　屋面扶直方式有几种？哪种更安全？

习　题

5-1　某厂房跨度 24m，柱距 24m，天窗架顶面标高 18m，屋面板厚度 240mm。若停机面标高为 −0.2m，起重臂底铰距地面为 2.1m，试选择履带式起重机的最小臂长。

5-2　某厂房柱的牛腿标高为 8.2m，吊车梁长 6m，高 0.8m，当起重机停机面为 −0.2m 时，计算吊车梁的起重高度。

6 建筑结构施工

结构是一个整体，包含各种构件，比如砖混结构，可能包含砌体构件、现浇构件、预制构件等，其施工方法应当是各种材料施工方法的集成。因此，结构施工方法不仅要确定各种材料的施工设备与施工工艺，也应当确定那些服务整体结构的平台系统、运输系统及结构的施工顺序等。

6.1 砖混结构施工

6.1.1 脚手架

脚手架是堆放材料和工人进行操作的临时设施，主要起到为施工人员提供操作平台及外围安全网围护的作用。虽然是临时设施，但施工时人要站到上面进行操作，因此脚手架搭设要满足以下要求：尺寸满足工人操作、材料堆放、运输需要；要有足够的刚度、强度和稳定性；结构简单、拆装方便，并能多次周转。

脚手架种类很多，按材料分为木、竹、金属脚手架；按搭设位置分为外脚手架、里脚手架；按结构形式分为多立杆式、桥式、框式、吊式、挑梁式脚手架。

6.1.1.1 外脚手架

外脚手架是搭设在外墙外面的脚手架，用于外墙砌筑及外装饰施工。

钢管扣件式多立杆脚手架是砖混结构最常用的外脚手架，通常沿建筑物外墙搭起，它是由钢管和扣件连接而成。钢管杆件一般采用外径 48mm、壁厚 3.6mm 的焊接钢管；扣件由可锻铸铁或铸钢制成，常用扣件形式有三种：供垂直相交的两根钢管连接的直角扣件，供任意角度相交的两根钢管连接的回转扣件，以及供两根对接钢管连接的对接扣件。钢管扣件式多立杆脚手架组成及尺寸如图 6-1 所示，扣件形式如图 6-2 所示。该种脚手架的特点是拆装方便，搭设高度大，周转次数多，并可根据施工需要灵活布置每步架的高度。

多立杆式脚手架分双排式和单排式，双排式脚手架由内外两排立杆和水平杆构成；单排式脚手架只有一排立杆，横向平杆的一端搁置在墙体上。采用哪一种形式的脚手架取决于墙体厚度、建筑物高度。砌块墙体、半砖墙体、空心砖墙体或建筑物高度超过 30m，不宜布置成单排式。

门框式脚手架是一种工厂生产、现场搭设的脚手架，它不仅可以作为外脚手架，也可以作为内脚手架或满堂脚手架，其组成如图 6-3 所示。该种脚手架拆装方便，且规格统一，施工时按不同要求进行组合。

脚手架是建筑施工过程中必须使用的重要设施，对施工安全、工程进度和施工质量都有直接影响。其中，脚手架安全尤其重要，因此搭设脚手架时地基要夯实，土质不良时底

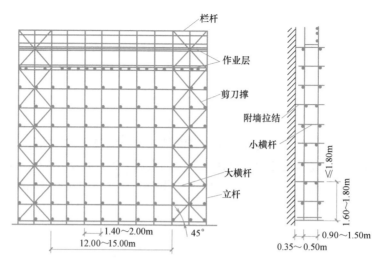

图 6-1 扣件式钢管外脚手架

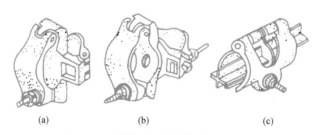

图 6-2 扣件形式

(a) 直角扣件；(b) 回转扣件；(c) 对接扣件

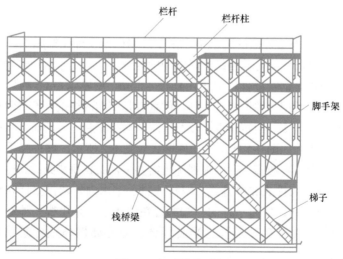

图 6-3 框式外脚手架

座要加垫板，外侧拉设安全网，不能铺有空头板等。

6.1.1.2 里脚手架

里脚手架是用于建筑物内部的砌筑施工及装饰工程的小型脚手架。里脚手架搭设于建筑物内部，多用于内墙砌筑或装修，有时也用于外墙砌筑。一般施工完成一层墙体或装饰工程后，将其转移到上一楼层。里脚手架的装拆、移动较为频繁，因此要求其轻便灵活、装拆方便，里脚手架的结构形式有折叠式（图6-4）、支柱式（图6-5）、门框式等。

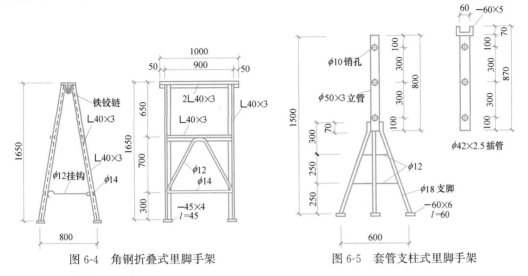

图 6-4　角钢折叠式里脚手架　　　　图 6-5　套管支柱式里脚手架

6.1.2　材料的运输

材料运输包括垂直运输和水平运输，其中垂直运输是"咽喉"。砖混结构施工常用的垂直运输机具有轻型塔式起重机、龙门架＋卷扬机（图6-6）和井架＋卷扬机（图6-7）等，高层建筑中还可采用附壁式人货两用升降机——施工电梯（图6-8）。轻型塔式起重机可同时满足垂直和水平运输的需要，其他几种形式均为固定式，只能用来做垂直运输。

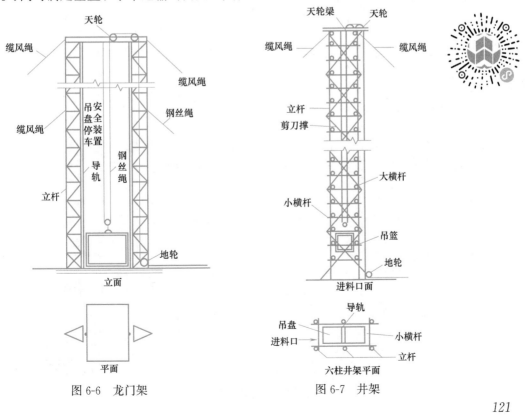

图 6-6　龙门架　　　　图 6-7　井架

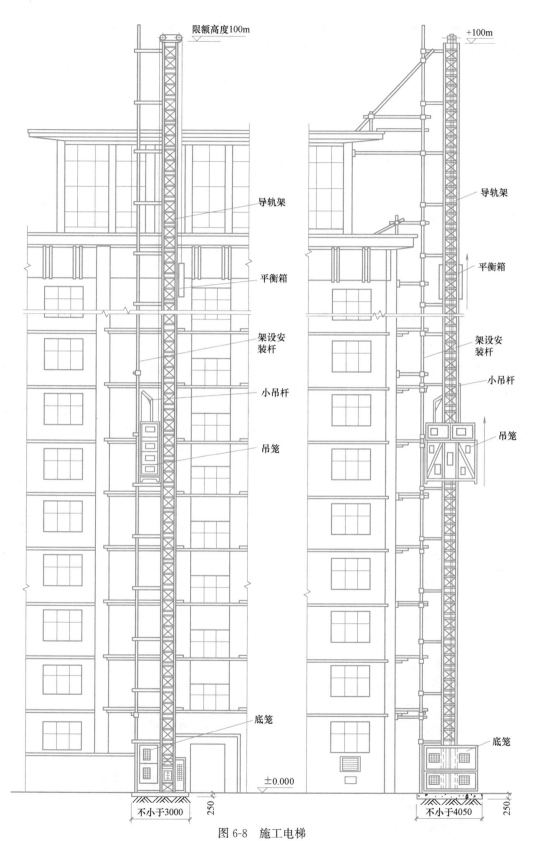

图 6-8　施工电梯

井架和龙门架由钢管和扣件组装而成，造价很低，应用很普遍。井架起重能力一般为 3t，提升高度通常在 60m 以内，特点是稳定性好，运输量大，是施工中最常用、最简便的垂直运输设施；龙门架起重高度一般为 15～30m，根据立柱结构不同，其起重量为 5～12kN，适用于中小型工程。井架及龙门架有时单独使用，有时与其他垂直运输设备配合使用。它与脚手架之间的关系如图 6-9 所示。

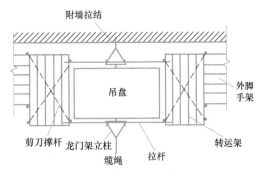

图 6-9　龙门架与脚手架之间的关系

塔式起重机，简称塔吊，是一种塔身直立、起重臂旋转的起重机，其适用范围广，回转半径大，起升高度高，操作简便，广泛应用于多层和高层工业与民用建筑施工中。

施工电梯又称施工升降机，是高层建筑施工中主要的垂直运输设备。电梯附着在外墙或其他结构部位上，架设高度可达 100m 以上。施工电梯可载重货物 1.0～1.2t，可容纳 12～15 人，工地上施工电梯通常配合塔式起重机使用。

垂直运输设备应根据建筑结构特点、工程量大小、工期长短、资源供应条件、现场施工条件、施工单位的技术装备等因素，选择其类型、型号及数量。单位工程施工中，如建筑工程无重、大吊装构件，且工程量小，工期要求不太紧时，可选择吊装能力小、生产效率比较低的井架和龙门架作为砖混结构施工的垂直运输设备；反之，可选择吊装能力大、覆盖面和供应面广、生产效率高的塔式起重机作为砖混结构施工的垂直运输设备。同时，塔式起重机比井架及龙门架的运行费用高，在选择时应结合工程实际情况做多个方案进行经济和技术比选。

常用运输方案的选择：普通的砖混结构可采用井架或龙门架（带拔杆）或轻型塔式起重机＋井架（或龙门架）方案；小区建筑可采用起重机＋龙门架或井架。

一个建筑物配备几套垂直运输设备取决于该垂直运输设备覆盖面（或供应面）的大小和供应能力。塔吊的覆盖面是以塔吊为圆心、以起重幅度为半径的圆形面积；其他垂直运输设备的供应面是以地面材料供应点为起点，地面运输与楼面运输距离之和小于 80m 的范围。垂直运输设备的供应能力等于吊次或运次乘以每次吊量再乘以折减系数 0.5～0.75。吊次或运次可通过编制日运输计划或经验法得到，通常塔吊日吊次为 60～90 次。所选垂直运输设备要使待建工程的全部作业面处于垂直运输设备的覆盖面（或供应面）的范围之内，供应能力满足施工高峰期材料的每日需要量。

6.1.3　施工顺序

确定砖混房屋上部结构的施工顺序，必须事先把整个结构的施工工作细分，确定它到底包括多少项工作（通常叫分项工程）。首先从施工工序上可分为：搭设脚手架、砌筑墙体和楼板安装（或浇筑）三个分项工程；从空间上可划分成若干小的施工单元。因此，整个结构施工工作是由每个单元的搭设脚手架、砌筑墙体和楼板安装所组成。

为提高劳动生产率，充分利用空间和时间，通常按流水作业法的施工顺序组织施工。流水作业法要求不同工种工作由不同的专业施工队承担，各施工队连续在不同施工单元上完成各自的工作。施工单元是通过建筑物竖向上按可砌高度（可砌高度由砌筑方法决定，对于人工砌筑一次可砌高度为 1.2～1.5m，它等于脚手架一步架的高度）划分为若干施工层，平面上划分为若干施工段实现的。

图 6-10 是一个砖混结构三层三单元住宅施工组织实例，每个楼层划分为两个施工层，平面上按结构单元划分为 3 个施工段。若每单元每个楼层的砌筑和安装楼板都需要 2 天，其施工顺序如图 6-10（a）所示，第一个施工段第一施工层砌完之后，砖工即转入第二施工段第一施工层砌筑，此时架工在第一施工段的第一施工层处搭设脚手架；第 3 天砖工返回第一施工段第二施工层砌筑，第 4 天转入第 3 施工段第一施工层砌筑，同时安装工在第 4、5 天进行楼板安装。该方案确保了各施工队的连续施工。若安装工在每个施工段安装楼板仅需 1 天，可以组织两个砌墙小队成阶梯式施工，见图 6-10（b），这样确保各施工队连续施工，同时也缩短了工期（但需要的人数也多）。

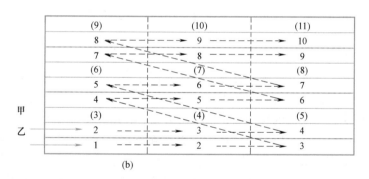

图 6-10 砖混结构的施工组织实例

综上所述，砖混结构施工顺序取决于施工工序和施工组织形式，这里采用的是流水施工，原理详见本书第 8 章。

6.2 现浇混凝土结构施工

6.2.1 运输系统
现浇混凝土结构施工需要运送混凝土等大宗材料，也需要吊装模板、钢筋等大件材料，因此运输设备应包括吊装设备（见 5.1 节）和垂直运输设备（见 6.1.2 节），常用方案有：

（1）施工电梯＋塔式起重机

塔式起重机负责吊送模板、钢筋、混凝土，人员和零散材料由电梯运送。其优点是供应范围大，易调节安排；缺点是集中运送混凝土的效率不高。适用于混凝土量不是特别大而吊装量大的结构。

（2）施工电梯＋塔式起重机＋混凝土泵（带布料杆）

混凝土泵运送混凝土，塔式起重机吊送模板、钢筋等大件材料，人员和零散材料由电梯运送。其优点是供应范围大，供应能力强，更易调节安排。缺点是投资和费用很高。适用于工程量大、工期紧的高层建筑。

（3）施工电梯＋带拔杆高层井架

井架负责运送混凝土，拔杆负责运送模板，电梯负责运送人员和散料。其优点是垂直输送能力强，费用不高；缺点是供应范围和吊装能力较小，需要增加水平运输设施。适用于吊装量不大，特别是无大件吊装的情况且工程量不是很大、工作面相对集中的结构。

（4）施工电梯＋高层井架＋塔式起重机

井架负责运送大宗材料，塔式起重机吊送模板、钢筋等大件材料，人员和散料由电梯运送。其优点是供应范围大，供应能力强；缺点是投资和费用较高，有时设备能力过剩。适用于吊装量、现浇工程量较大的结构。

（5）塔式起重机＋普通井架

塔式起重机吊送模板、钢筋等大件材料，井架运送混凝土等大宗材料，人员通过室内楼梯上下。其优点是费用较低，且设备比较常见；缺点是人员上下不太方便。适用于50m以下的建筑。

6.2.2 浇筑顺序

（1）分层与分段的原则

框架结构的主要构件有沿垂直方向重复出现的柱、梁、楼板。因此，多层框架结构一般按结构层分层施工。当结构平面较大或混凝土工程量较大时，还应在水平方向上分段进行施工。划分施工段的原则：施工段数目不宜过多；各段工程量应大致相等；施工段之间的界限——施工缝的位置既要符合剪力最小的要求，又要便于施工，同时施工缝尽量与建筑缝相吻合。一般分段长度不宜超过25～30m。

大工程在工期紧迫的情况下采用连续流水施工时，还应考虑施工队数目和技术停歇等因素划分施工段，施工段数应大于施工队数（详见第8章流水施工），并使第一施工队（钢筋队）完成第一施工层各施工段后准备转移到第二施工层的第一施工段时，该段第一层混凝土已浇筑完毕，并达到允许工人在其上进行操作的强度（$1.2N/mm^2$）。

（2）柱、梁、楼板之间的浇筑顺序

当楼层不高或工程量不大时，柱、梁、板可一次整体浇筑，柱与梁板间不留施工缝。柱浇筑后，须停顿1～1.5h，待柱混凝土初步沉实后，再浇筑其上的梁板，以避免因柱混凝土下沉，在梁、柱接头处形成裂缝。

当楼层较高或工程量大时，柱与梁、板间分两次浇筑，柱与梁、板间施工缝留在梁底（或梁托下）。待柱混凝土强度达$1.2N/mm^2$以上，再浇筑梁和板。

（3）柱的浇筑顺序

柱宜在梁板模板安装后钢筋未绑扎前浇筑，以便利用梁板模板作横向支撑和柱浇筑操

125

作平台用。一施工段内的柱应按排或列由外向内对称地依次浇筑，不要从一端向另一端推进，以避免柱模因混凝土单向浇筑受推倾斜而使误差积累难以纠正。

与墙体同时浇筑的柱子，两侧浇筑高差不能太大，以防柱子中心移动。

（4）梁和楼板的浇筑顺序

肋形楼板的梁板应同时浇筑，顺次梁方向从一端向前推进。根据梁高分层浇筑成阶梯形，当达到板底位置时即与板的混凝土一起浇筑，而且倾倒混凝土的方向与浇筑方向相反。

梁高大于1m时，可先单独浇筑梁，其施工缝留在板底以下20～30mm处，待梁混凝土强度达到1.2N/mm² 以上时再浇筑楼板。

无梁楼盖浇筑时，在柱帽下50mm处暂停，然后分层浇筑柱帽，待混凝土接近楼板底面时，再连同楼板一起浇筑。

（5）楼梯浇筑顺序

楼梯宜自下而上一次浇筑完成，当必须留置施工缝时，其位置应在楼梯长度中间1/3范围内。

（6）剪力墙结构浇筑顺序

剪力墙结构浇筑时应先浇墙后浇板，同一段剪力墙应先浇中间后浇两边。门窗洞口应以两侧同时下料，浇筑高差不能太大，以免门窗洞口发生位移或变形。窗台标高以下应先浇筑窗台下部，后浇筑窗间墙，以防窗台下部出现蜂窝孔洞。

6.3 单层厂房结构安装

6.3.1 结构安装方法及安装顺序

单层厂房结构安装方法有分件安装法和综合安装法。

6.3.1.1 分件安装法及安装顺序

分件安装法是指起重机每开行一次，仅吊装一种或两种构件（图6-11），单层厂房结构安装时，起重机一般需要三次开行方可安装完全部构件。

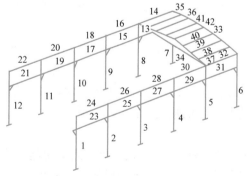

图6-11 分件吊装法构件吊装顺序

第一次开行，吊装完全部柱子，并对柱子进行校正和最后固定；

第二次开行，吊装吊车梁、连系梁及柱间支撑等；

第三次开行，按节间吊装屋架、天窗架、屋面板及屋面支撑等。

分件安装法能够使构件有充分时间校正；构件可以分批进场，供应亦较单一，现场不致拥挤；吊具不需经常更换，操作程序基本相同，吊装速度快；可根据不同的构件选用不同性能的起重机，能充分发挥机械的效能。但分件安装法不能为后续工作及早提供工作面，且起重机的开行路线长。

一般情况下单层厂房的结构安装多采用分件安装法。

6.3.1.2　综合安装法及安装顺序

综合安装法（又称节间安装）是起重机在车间内一次开行中，分节间吊装完所有类型构件。即先吊装 4～6 根柱子，校正固定后，随即吊装吊车梁、连系梁、屋面板等构件，待吊装完一个节间的全部构件后，起重机再移至下一节间进行安装（图 6-12）。

综合安装法的优点是起重机开行路线短，停机点位置少，可为后续工作创造工作面，有利于组织立体交叉平行流水作业，加快工程进度。但综合安装法要同时吊装各种类型构件，不能充分发挥起重机的效能；且构件供应紧张，平面布置复杂，校正困难；必须要有严密的施工组织，否则会造成施工混乱，故此法很少采用。只有在某些特殊结构（如门式结构）必须采用综合吊装时，或当采用桅杆式起重机进行吊装时才采用。

6.3.2　起重机停机点位置及开行路线

吊装屋架、屋面板等构件，起重机大多沿跨中开行；吊装吊车梁，起重机沿跨边开行；吊装柱时，根据起重半径和厂房跨度，起重机可沿跨中或跨边开行。

当 $R \geqslant L/2$ 时，起重机可沿跨中开行，每个停机位置可吊两根柱子（图 6-13a）；

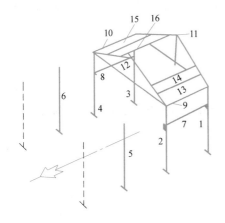

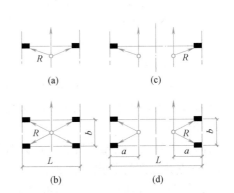

图 6-12　综合吊装法构件吊装顺序
　　1、2、3…—吊装顺序

图 6-13　吊柱时起重机开行路线和停机点位置

当 $R \geqslant \sqrt{\left(\dfrac{L}{2}\right)^2 + \left(\dfrac{b}{2}\right)^2}$ 时，起重机沿跨中开行，且每个停机位置可吊 4 根柱子（图 6-13b）；

当 $R < L/2$ 时，起重机沿跨边开行，每个停机位置吊装一根柱子（图 6-13c）；

当 $R \geqslant \sqrt{a^2 + \left(\dfrac{b}{2}\right)^2}$ 时，起重机沿跨边开行，每个停机位置可吊装两根柱子（图 6-13d）。

式中　R——起重机的起重半径（m）；

　　　L——厂房跨度（m）；

　　　b——柱的间距（m）；

　　　a——起重机开行路线到跨边轴线的距离（m）。

当柱布置在跨外时，起重机一般沿跨外开行，停机位置与跨边开行相似。

127

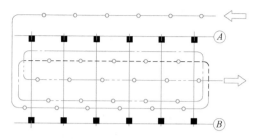

图 6-14 起重机开行路线及停机位置

某单跨车间采用分件吊装法，起重机开行路线和停机位置如图 6-14 所示。

6.3.3 构件的平面布置

构件的平面布置应满足下列要求：

（1）每跨构件尽可能布置在本跨内；

（2）尽可能布置在起重机的起重半径内，尽量减少起重机负重行驶的距离及起重臂的起伏次数；

（3）应首先考虑重型构件的布置；

（4）构件布置的方式应便于支模及混凝土的浇筑工作，预应力构件尚应考虑有足够的抽管、穿筋和张拉的操作场地；

（5）构件布置应力求占地最少，保证道路畅通，当起重机械回转时不致与构件相碰；

（6）所有构件应布置在坚实的地基上；

（7）构件的平面布置分预制阶段构件平面布置和吊装阶段构件就位布置，但两者之间有密切关系，需同时加以考虑，做到相互协调，有利吊装；

（8）注意构件的朝向，避免空中调头。

6.3.3.1 预制阶段构件布置

（1）柱的布置

柱子吊升时采用旋转法和滑行法起吊，为了方便这两种方法吊升，柱子在预制时的平面布置通常采用斜向布置方式和纵向布置方式。

1）斜向布置

斜向布置有三点共弧布置和两点共弧布置两种方法。

① 三点共弧即绑扎点、柱脚、杯口中心三点共弧，如图 6-15 所示，其作图步骤如下：

首先，确定起重机开行路线到柱基中心线的距离 a，a 不得大于起重半径 R，也不宜太小，以至太靠近基坑。同时还应确保起重机回转时，其尾部不与周围构件或建筑物碰撞。综合考虑以上条件后，划出起重机的开行路线。

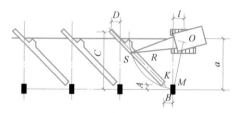

图 6-15 预制柱三点共弧布置

其次，确定起重机停机位置。以柱基中心 M 为圆心，吊装该柱的起重半径 R 为半径划弧交开行路线于 O 点，O 点即为吊装该柱的停机点。

最后，以 O 为圆心、R 为半径划弧，然后在该弧上靠近杯口附近选一点 K（距杯口外缘约 200mm）作为柱脚中心。再以 K 为圆心，以柱脚到柱绑扎点距离为半径划弧，两弧相交于 S，以 KS 为中心划出柱的位置图。然后标出柱顶、柱脚与柱到纵横轴线的距离（A、B、C、D），作为预制柱时支模依据。

三点共弧布置时，需场地宽阔，柱采用旋转法起吊。

② 两点共弧布置

有时由于受场地或柱长的限制，柱的布置很难做到三点共弧，则可按两点共弧布置。

两点共弧布置有两种方法：一种是将柱脚与柱基安排在起重半径 R 的圆弧上，而将

吊点放在起重半径 R 之外（图 6-16）。吊装时先用较大的起重半径 R' 吊起柱子，并升起重臂。当起重臂由 R' 变为 R 后，停升起重臂，再按旋转法吊装柱。另一种是将吊点与柱基安排在起重半径 R 的同一圆弧上，两柱脚可斜向任意方向（图 6-17）。吊装时，柱可用旋转法或滑行法吊升。

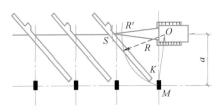

图 6-16　柱脚与基础两点共弧

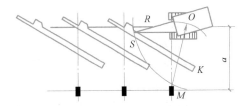

图 6-17　绑扎点与基础两点共弧

2）纵向布置

当采用滑行法起吊时，柱可采用纵向布置。

纵向布置时，吊点应靠近杯口，并与杯口中心两点共弧。为减少起重机的停机次数，起重机一次可吊两根柱，其布置形式如图 6-18 所示。若柱长小于 12m，为节约模板和场地，两柱可以叠浇，排成一行（图 6-18a）；若柱长大于 12m，则可排成两行浇筑（图 6-18b）。

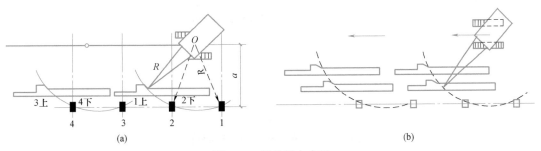

图 6-18　柱的纵向布置

（2）屋架的布置

屋架一般在跨内平卧叠浇预制，每迭 3~4 榀，布置方式有三种（图 6-19）：斜向布置、正反斜向布置、正反纵向布置。斜向布置，因其便于屋架的扶直就位，故应优先选用。只有当场地受限制时，才采用另外两种形式。

屋架的叠放顺序应考虑扶直的先后顺序，先扶直后安装的放在上层。屋架的方向应考虑屋架两端朝向的要求。

（3）预制吊车梁的布置

根据场地条件可靠近柱基顺纵向轴线布置或插在柱的空档中预制，条

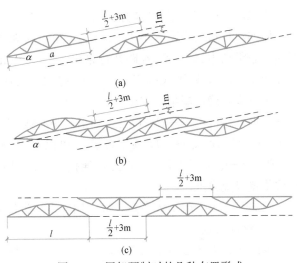

图 6-19　屋架预制时的几种布置形式

（a）斜向布置；（b）正反斜向布置；（c）正反纵向布置

129

件允许，也可在场外预制，随吊随运。

6.3.3.2 吊装阶段构件布置

因为柱预制阶段就是按照吊装要求布置的，因此吊装阶段不必再布置，或者说与预制阶段布置相同。

（1）屋架布置

屋架吊装阶段有斜向布置和纵向布置两种方法。

1）斜向布置

斜向布置如图 6-20 所示，其作图步骤为：

第一步：确定起重机吊屋架时的开行路线及停机位置。

在图上划出起重机吊屋架时沿跨中的开行路线，然后以拟吊装的某轴线（如②轴线）的屋架中点 M_2 为圆心，以吊屋架的起重半径 R 为半径，划弧与开行路线交于 O_2，则 O_2 为吊②轴线屋架的停机点。

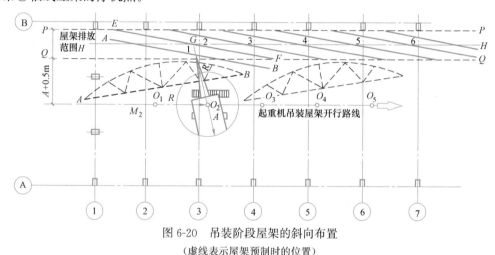

图 6-20　吊装阶段屋架的斜向布置

（虚线表示屋架预制时的位置）

第二步：确定屋架就位的范围。

屋架离柱边的净距不小于 200mm，定出屋架就位的外边线 $P—P$。设起重机尾部至回转中心距离为 A，考虑在距开行路线 $A\pm0.5$m 范围内均不宜布置屋架或其他构件，划出屋架就位内边线 $Q—Q$。$P—P$、$Q—Q$ 之间为屋架的就位范围。

第三步：确定屋架就位位置。

根据就位范围 $P—P$、$Q—Q$ 划出其中心线 $H—H$。以停机点 O_2 为圆心，以起重半径 R 为半径划弧交 $H—H$ 线于 G 点。再以 G 为圆心，以屋架跨度的一半为半径划弧交 $P—P$、$Q—Q$ 两线于 E、F 两点，连接 E、F 即为②轴线屋架的就位位置。其他屋架的就位位置以此类推。

斜向布置由于起吊效率高，故应用较多，但缺点是占地面积较大。

2）纵向布置

纵向布置方法如图 6-21 所示，一般以 4～5 榀为一组靠柱边顺轴纵向就位。屋架与柱之间、屋架与屋架之间的净距约 200mm，相互之间用铁丝及支撑拉紧撑牢。屋架组与组之间沿纵轴线方向应留出 3m 左右的通道。为避免在已吊装好的屋架下面去绑扎吊装屋架，并确保屋架吊装时不与已吊装好的屋架碰撞，每一屋架组的中心线应位于该组屋架倒数第二榀吊装轴线之后约 2m 处。

纵向布置方法由于起吊效率低，故一般在场地狭窄时应用。

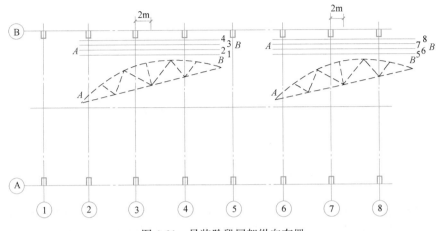

图 6-21　吊装阶段屋架纵向布置

（2）吊车梁、连系梁、屋面板的布置

单层工业厂房的吊车梁、连系梁、屋面板构件一般在工厂或附近的预制场制作，然后运至工地吊装。构件运至现场后，应按构件吊装顺序进行编号，并及时就位或集中堆放。堆放时要注意叠层高度，梁式构件叠放常取 2～3 层；大型屋面板不超过 6～8 层。吊车梁、连系梁一般布置在其吊装位置的柱列附近，跨内跨外均可。屋面板的就位位置应根据起重机吊屋面板时的起重半径确定，跨内跨外均可。当在跨内就位时，应向后退 3～4 个节间开始堆放；当在跨外就位时，应向后退 1～2 个节间开始堆放（图 6-22）。有时，也可根据具体条件采取随吊随运的方法。

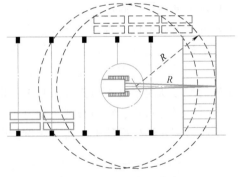

图 6-22　屋面板吊装就位布置图
R—起重机的起重半径

6.4　多层装配式结构安装

多层装配式结构高度在 18m 以下选用自行杆式起重机，高度在 18m 以上选用塔式起重机。

6.4.1　起重机械及构件平面布置

6.4.1.1　起重机械布置

多层装配式结构起重机械多采用跨外布置，跨外布置又分为单侧布置和双侧布置，如图 6-23 所示。设起重半径为 R，建筑物宽度为 b，起重机距建筑物外侧距离为 a，当 $R \geqslant b+a$ 时采用跨外单侧布置；当 $R \geqslant b/2+a$ 时采用跨外双侧布置。

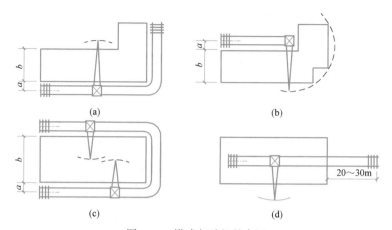

图 6-23　塔式起重机的布置

(a)、(b) 跨外单侧布置；(c) 跨外双侧布置；(d) 跨内单行布置

当周围场地狭窄，建筑物外侧起重机不能布置，或建筑物宽度较大而构件又较重，起重机布置在建筑物外侧不能满足构件安装要求时，可采用跨内布置，跨内布置分为跨内单行布置和跨内环形布置。跨内布置有很多缺点，如只能竖向综合安装，结构稳定性差；构件布置在起重半径之外，需二次倒运；围护结构吊装困难等，因此很少采用。

6.4.1.2　构件平面布置

构件平面布置应满足以下要求：构件尽可能布置在起重半径范围内，避免二次倒运；重型构件靠近起重机布置，中小型构件布置在重型构件外；尽量减少起重机的移动和变幅；叠层构件应按顺序，先安装构件放在上部。

布置构件时应优先考虑柱，多层装配式结构柱的布置方式与工程结构特点、所选用的起重机的型号及起重机的布置方式有关。根据预制柱与起重机轨道相对位置的不同，其布置方式可有平行布置、斜向布置及垂直布置三种，如图 6-24 所示。

多层装配式结构构件平面布置实例如图 6-25～图 6-27 所示，请参考。

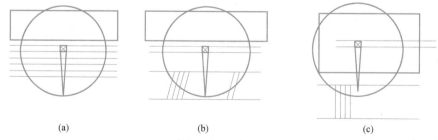

图 6-24　塔式起重机吊装时柱的布置

(a) 平行布置；(b) 斜向布置；(c) 垂直布置

6.4.2　结构安装方法及安装顺序

多层装配式结构安装方法有分件安装法和综合安装法两种。

分件安装法根据流水方式不同，又分为分层分段流水安装法和分层大流水安装法。分层分段流水安装法是将建筑物划分为若干施工层，每个施工层再划分成若干个施工段，起重机在每个施工段内按柱、梁、板的顺序分次进行安装，将该施工段内构件全部安装完毕，再转至另一个施工段，待每一施工层各施工段构件全部安装完毕且固定后再安装上一层施工层构件。分层大流水安装法是每一个施工层不再划分施工段，而是按一个楼层组织各工序的流水。

综合安装法是以一个或若干个柱网（节间）作为一个施工段，以建筑物的全高作为一个施工层来组织各工序的流水施工，起重机把一个施工段的所有构件安装至建筑物的全高，然后再转移至下一个施工段进行构件安装。

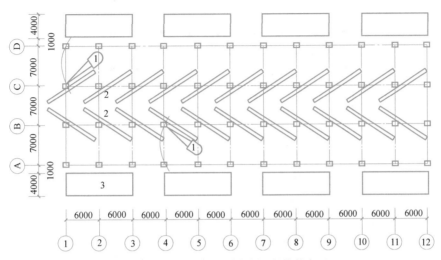

图 6-25　履带式起重机跨内开行构件布置
1—履带式起重机；2—柱的预制场地；3—梁板堆场

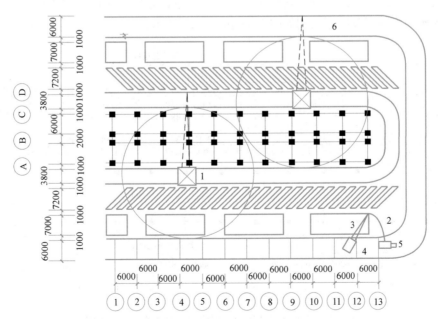

图 6-26　塔式起重机吊装时构件布置
1—塔式起重机；2—柱预制场地；3—梁板堆放场地；4—汽车式起重机；
5—载重汽车；6—临时道路

133

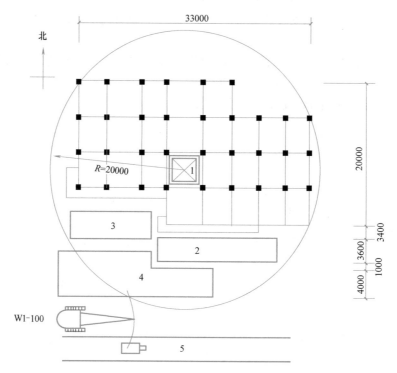

图 6-27　自升式塔式起重机吊装时构件布置

1—自升式塔式起重机；2—梁板堆放区；3—楼板堆放区；4—柱梁堆放区；5—运输道路

多层装配式结构多采用分件安装法，只有当起重机布置在跨内时才采用综合安装法。装配式结构的构件安装顺序实例如图 6-28 和图 6-29 所示。

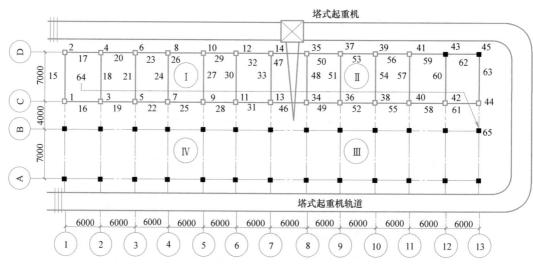

图 6-28　塔式起重机跨外环形，用分层分段流水吊装法吊装梁板

式结构的一个楼层顺序图

Ⅰ、Ⅱ、Ⅲ……吊装段编号；1、2、3……构件吊装顺序

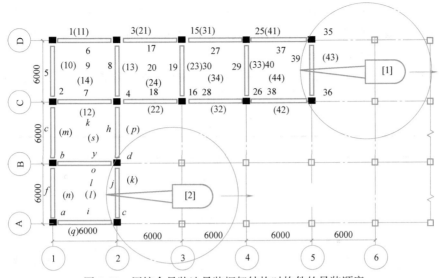

图 6-29 用综合吊装法吊装框架结构时构件的吊装顺序

1、2、3…—[1]号起重机吊装顺序；*a*、*b*、*c*…—[2]号起重机吊装顺序；带（）为第二层梁板吊装顺序

6.5 钢结构安装

钢结构具有强度高、抗震性能好、便于机械化施工等优点，广泛应用于高层建筑和网架结构中。本节主要讲述高层钢结构和网架结构的施工。

6.5.1 高层钢结构建筑施工

钢结构的生产工艺流程如图 6-30 所示，先将钢材制成半成品和零件，然后按图纸规

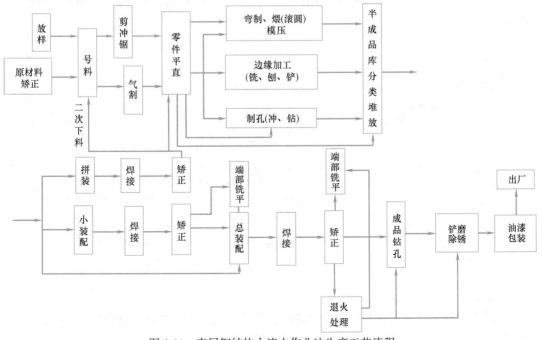

图 6-30 高层钢结构大流水作业法生产工艺流程

定的运输单元，装配连接成整体。高层钢结构建筑与高层装配式钢筋混凝土建筑在施工平面布置、施工机械、构件吊装等方面有相近之处，但在具体施工方法上有所不同。

6.5.1.1 钢结构拼装和连接

钢结构拼装常用的工具有卡兰、槽钢加紧器、矫正夹具及拉紧器、正反丝扣推撑器和手动千斤顶等。焊接结构的拼装允许偏差应符合表 6-1 的规定。

拼装允许偏差 表 6-1

项次	项目	允许偏差(mm)	备注
1	对口错边	$t/10$ 且不大于 3.0 间隙为±1.0	t 为对接件高度
2	搭接长度	±5.0 间隙为 1.5	
3	高度	±2.0	
4	垂直度	$b/100$ 且不大于 2.0	b 为构件宽度
5	中心偏移	±2.0	
6	型钢错位	连接处 其他处	1.0 2.0
7	桁架结构杆件轴线交点偏差	3.0	

钢结构在连接时应保持正确的相互位置，其方法主要有焊接、铆接和螺栓连接（图 6-31、图 6-32）。焊接不削弱杆件截面，节约钢材，易于自动化操作，但对疲劳较敏感，广泛应用于工业及民用建筑钢结构中，对于直接承受动力荷载的结构连接，不宜采用焊接。铆接传力可靠，易于检查，但构造复杂，施工烦琐，主要用于直接承受动力荷载的结构连接。螺栓连接分为普通螺栓连接和高强度螺栓连接两种。螺栓连接安装简单，施工方便，在工业与民用建筑钢结构中应用广泛。对于一些需要装拆的结构，采用普通螺栓连接较为方便。

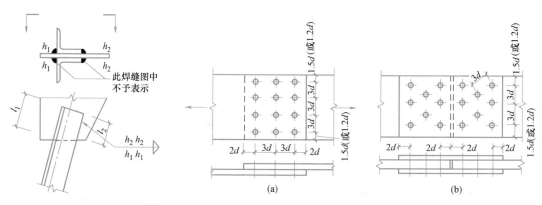

图 6-31 双拼角钢中间有节 点板的焊缝标法

图 6-32 钢板上螺栓和铆钉的排列
(a) 并列；(b) 错列

6.5.1.2 结构安装与校正

钢结构的安装质量和柱基础的定位轴线、基准标高有直接关系。基础施工必须按设计图纸规定进行，定位轴线、柱基础标高和地脚螺栓位置应满足表 6-2 的要求。

规范规定，在柱基中心表面与钢柱之间预留 50mm 的空隙，作为钢柱安装前的标高调整。为了控制上部结构标高，在柱基表面，利用无收缩砂浆立模浇筑标高块，如图 6-33 所示。标高块顶部埋设 16～20mm 的钢面板。第一节钢柱吊装完成后，应用清水冲洗基础表面，然后支模灌浆。

钢柱在吊装前，应在吊点部位焊吊耳，施工完毕再割去。钢柱的吊装有双机抬吊和单机吊装两种方式，如图 6-34 所示。钢柱就位后，应按照先后顺序调整标高、位移和垂直度。为了控制安装误差，应取转角柱作为标准柱，调整其垂直偏差为零。

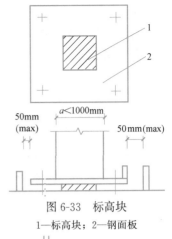

图 6-33 标高块
1—标高块；2—钢面板

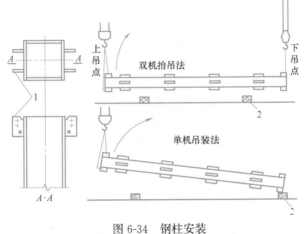

图 6-34 钢柱安装
1—吊耳；2—垫木

钢柱安装的允许偏差 表 6-2

项次	项目		允许偏差(mm)
1	柱角底座中心线对定位轴线的偏移		5.0
2	柱基准点标高	有吊车梁的柱	+3.0；−5.0
		无吊车梁的柱	+5.0；−8.0
3	挠曲矢高		$H/1000$；15.0
4	柱轴线垂直度	单层柱 柱高小于 10m	10.0
		单层柱 柱高大于 10m	$H/1000$；25.0
		多节柱 底层柱	10.0
		多节柱 柱全高	35.0

注：表中 H 为柱高。

钢梁吊装前，在上翼缘开孔作为起吊点。对于重量较小的钢梁，可利用多头吊索一次吊装数根。为了减少高空作业，加快吊装速度，也可将梁柱拼装成排架，整体起吊。

6.5.2 钢网架结构吊装施工

工程上常用的钢网架吊装方法有高空拼装法、整体安装法和高空滑移法三种。

6.5.2.1 高空拼装法

高空拼装法是指利用起重机把杆件和节点，或拼装单元吊至设计位置，在支架上进行拼装的施工方法。高空拼装法的特点是网架在设计标高处一次拼装完成，但拼装支架用量较大，且高空作业多。图 6-35 所示为上海银河宾馆多功能大厅的网架施工，该施工采用的就是高空拼装法。

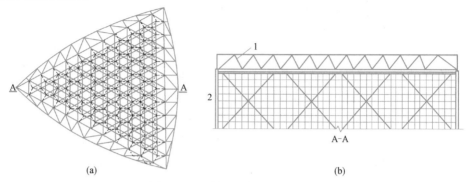

图 6-35　上海银河宾馆多功能大厅
(a) 平面图；(b) 剖面图
1—网架；2—拼装支架

6.5.2.2　整体安装法

将网架在地面拼装成整体，利用起重设备将其提升到设计标高，并加以固定，这种方法称为整体安装法。该法不需要高大的拼装支架，高空作业少，但需要大型起重设备。整体安装法可采用多机抬吊或拔杆提升等方法，如图 6-36 和图 6-37 所示。

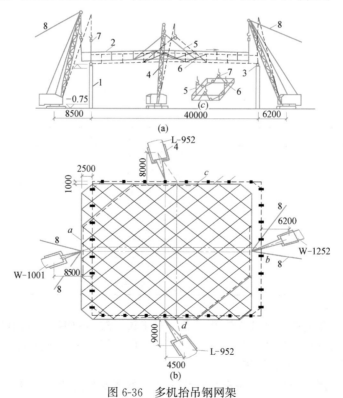

图 6-36　多机抬吊钢网架
(a) 立面图；(b) 平面图
1—柱子；2—网架；3—弧形铰支座；4—起重机；5—吊索；6—吊点；7—滑轮；8—缆风绳

6.5.2.3 高空滑移法

高空滑移法是指将网架在拼装处拼装，利用牵引设备向前滑移至设计处，如此逐段拼装直至完毕。与高空拼装法相比，高空滑移法拼装平台小，高空作业少，拼装质量易于保证，是近些年来采用逐渐增多的施工方法。如图 6-38 所示为一影剧院网架屋盖的高空滑移施工示意图。

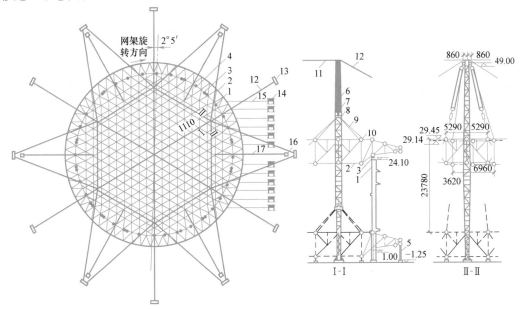

图 6-37　拔杆提升钢网架

1—柱子；2—钢网架；3—网架支座；4—提升以后再焊的杆件；5—拼装用钢支柱；6—独脚拔杆；
7—滑轮组；8—铁扁担；9—吊索；10—网架吊点；11—平缆风绳；12—斜缆风绳；13—地锚；
14—起重卷扬机；15—起重钢丝绳；16—校正用卷扬机；17—校正用钢丝绳

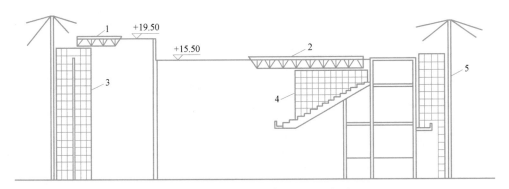

图 6-38　网架高空滑移法施工示意图

1—舞台网架；2—观众厅网架；3—舞台网架拼装平台；4—观众厅网架拼装平台；5—龙门架

思 考 题

6-1　脚手架搭设时，要满足哪些要求？

6-2　脚手架有哪些类型？它们的特点和使用范围是什么？

6-3　材料运输所使用的设备有哪些？如何确定运输方案？

6-4 试述砖混结构的施工顺序。

6-5 现浇混凝土结构常用的运输方案有哪些?

6-6 阐述多层钢筋混凝土框架结构浇筑的原则和顺序。

6-7 起重机开行路线与构件平面布置和就位平面布置有什么关系?

6-8 工程上常用的钢网架吊装方法有哪些? 各有什么特点?

6-9 简述高层钢结构柱的吊装施工工艺。

习　题

6-1 某跨度为 18m 的单层工业厂房,柱距 6m,履带式起重机尾部的回转半径为 3.3m。吊装屋架时起重半径为 9m,试确定屋架斜向就位图。吊装屋面板时,起重半径为 14m,绘出屋面板跨外就位图。要给出作图步骤。

7 桥梁结构施工

桥梁上部结构是桥梁的主体，施工方法依结构形式、材料的不同而不同，很难用一个统一的标准分类。针对不同的桥梁类型，常用的施工方法包括现浇法、预制安装法、悬臂施工法、顶推施工法、逐孔施工法和转体施工法等，前两种为普通钢筋混凝土桥的施工方法，后几种则主要针对特定的桥梁结构。

7.1 现浇法施工

现浇法施工也称就地浇筑法，即直接在桥位处搭设支架，然后在支架上安装模板和钢筋骨架、预留孔道和浇筑桥体混凝土，达到强度后拆除模板、支架。

现浇法施工无需预制场地，而且不需要大型起吊、运输设备，梁体的主筋不中断，桥梁整体性好，缺点主要是工期长，施工质量不容易控制，对预应力混凝土梁，由于混凝土收缩、徐变引起的应力损失比较大，施工中支架、模板耗用量大，施工费用高，搭设支架影响排洪、通航，施工期间可能受到洪水和漂流物的威胁，一般仅在小跨径桥或交通不便的边远地区使用。但由于近年来临时钢构件和万能杆件的大量应用，对于中、大型的连续桥梁也可以采用固定支架就地浇筑施工方法。

7.1.1 现浇梁桥施工

7.1.1.1 支架及模板

（1）支架

就地浇筑梁桥时，需要在梁下搭设支架（或称脚手架）来支撑模板及模板上浇筑的钢筋混凝土及其以上施工荷载的重量。

支架按其构造分为立柱式、梁式和梁-柱式支架；按材料可分为木支架、钢支架、钢木混合支架和万能杆件拼装支架等。目前在桥梁施工中采用较多的是立柱式木支架或工具式钢支架，支架形式如图 7-1 所示。

支架制作与安装：为减少现场施工的安装和拆卸工作和便于周转使用，支架宜采用标准化、系列化、通用化的构件拼装；无论使用何种材料的支架，均应进行施工图设计，并验算其强度、刚度和稳定性；支架立柱必须安装在有足够承载力的地基上，立柱底端设垫木分散和传递压力，并保证浇筑混凝土后不发生超过允许的沉降量；构件的连接应尽量紧密，以减少支架变形；为保证支架稳定，应避免支架与脚手架和便桥接触。

为便于支架的拆卸，应根据结构形式、承受的荷载大小及需要卸落量，在支架的适当部位设置木楔、木马、砂筒或千斤顶等卸落设备。

（2）支架预拱度计算

支架受力后将产生弹性变形和非弹性变形，使现浇梁在自重作用下产生挠度，为了保

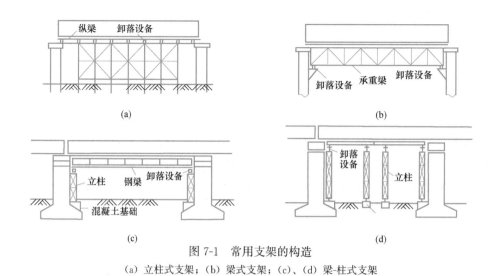

图 7-1 常用支架的构造

(a) 立柱式支架；(b) 梁式支架；(c)、(d) 梁-柱式支架

证桥梁竣工后尺寸准确，施工时支架应设置一定数值的预拱度，使浇筑后桥跨结构线形符合设计要求。确定支架预拱度应考虑下列因素：支架承受施工荷载引起的弹性变形；超静定结构由于混凝土收缩、徐变和温度变化而引起的挠度；由结构重力引起的梁的弹性挠度，以及 1/2 汽车荷载（不计冲击力）引起的梁的弹性挠度；受力后由于杆件接头的挤压和卸落设备压缩而产生的非弹性变形；支架基础在受载后的沉陷。

综合考虑上述几项变形计算的预拱度之和为预拱度的最大值，其应设置在跨径的中点，其他位置的预拱度应以中点为最高值，以梁的两端为零，按直线或二次抛物线布置。

（3）地基处理

支架设在不稳定的地基上，浇筑混凝土前若未做预压，将产生不均匀沉降，因此支架应设置在经过加固处理的具有足够承载力的地基上。地基表面应平整，支架立杆下宜设置混凝土垫板或浇筑混凝土地梁，以增加立柱与地基之间的接触面，支架完成后必须按规范要求进行预压，以消除非弹性变形，保证混凝土浇筑后不下沉、不变形。支架预压的加载方式可以用水箱、砂袋、钢筋、混凝土块等预压。

地基处理应根据桥梁的断面尺寸及支架的形式对地基的要求而决定，地基处理形式有：改良土强夯、地基换填压实、混凝土硬化、碎石桩、旋喷桩、混凝土条形基础、桩基础加混凝土横梁等。地基处理时要做好地基的排水，防止雨水或混凝土浇筑和养护过程中滴水对地基的影响。

（4）模板

就地浇筑桥梁模板常用组合钢模板、木模板、木胶合板、竹胶合板和各类纤维材料板。施工时应根据结构物的外观要求选用，宜优先使用胶合板和钢模板。模板的制作与安装应注意，模板接缝必须密合，如有缝隙须塞堵严实，以防跑浆。构筑物外露面混凝土模板应涂脱模剂，不得使用废机油等油料，且不得污染钢筋及混凝土的施工缝处。

7.1.1.2 混凝土浇筑

桥梁混凝土浇筑过程中，施工荷载很大，措施不当可能导致支架变形，引起混凝土开裂和梁体线形不顺适。为此，浇筑前需要采取支架预压、设置预拱度等措施；浇筑过程中需确定合理的浇筑顺序、合理施工缝位置以及保持合理浇筑速度、适当使用缓凝剂等。

（1）混凝土浇筑速度

为达到桥跨结构的整体性要求，要求浇筑混凝土时须有一定的速度，使上层浇筑的混凝土能在下层先浇混凝土初凝之前完成，其最小增长速度可由下式计算：

$$h \geqslant s/t \tag{7-1}$$

式中　h——浇筑时混凝土面上升速度的最小允许值（m/h）；

　　　s——搅动深度，在无具体规定值时，可取 0.25～0.50m；

　　　t——混凝土实际初凝时间（h）。

（2）简支梁混凝土的浇筑

确定主梁混凝土浇筑顺序的原则是不使模板和支架产生有害下沉并有利于混凝土振捣。对于跨径不大的简支梁桥，可在一跨全长内水平分层浇筑。为避免支架不均匀沉陷的影响，浇筑工作宜尽量快速进行，以便在混凝土失去塑性前完成。对于高而长的梁体，可采用斜层法浇筑：当采用满堂支架或立柱式脚手架时，由两端向跨中浇筑，在跨中合龙；当采用梁式支架时，为使跨中支架变形尽早完成，宜采取从跨中向两端的顺序浇筑。采用斜层法时，混凝土浇筑面的适宜倾斜角与混凝土的稠度有关，一般可用 20°～25°，如图 7-2 所示。

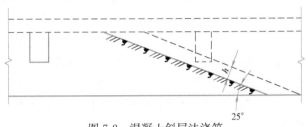

图 7-2　混凝土斜层法浇筑

（3）悬臂梁、连续梁混凝土的浇筑

桥墩为刚性支撑，桥跨下的支架为弹性支撑，桥墩和支架将发生不均匀沉降。因此，在浇筑悬臂梁及连续梁混凝土时，必须采取有效措施，防止上部结构由于不均匀沉降产生裂缝，通常可采用的做法包括：设置工作缝、对支架实施预压、确定合理的浇筑顺序等。

1）工作缝的设置：在桥墩上设置临时工作缝，待梁体混凝土浇筑完成、支架稳定、上部结构沉降停止后，再将此工作缝填筑起来。同理，当支架梁跨径较大时，在该梁两端支点上也应设置临时工作缝。工作缝位置如图 7-3 所示。

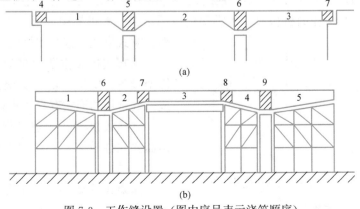

图 7-3　工作缝设置（图中序号表示浇筑顺序）

工作缝位置的设置原则是，必须设在弯矩的零点附近。通常设在桥墩顶部和支架立柱的顶部或其附近。也可在 $0.2L$ 处附近设置，此处一般为弯矩的零点。梁段间的工作缝一般宽 $0.8\sim1.0$m，两端用模板间隔，并留出分布加强钢筋通过的孔洞。接缝混凝土浇筑时先将两端面浮浆除掉、凿毛，用清水冲洗后，绑扎接缝分布钢筋，浇筑混凝土。

2）预压支架：预先对支架施加与梁体相同重量的荷重，使支架预先完成变形，而预压荷载可随混凝土浇筑进程逐步拆除。此法中加卸荷载工作量较大，故以设置工作缝为宜。

3）混凝土浇筑顺序：混凝土的浇筑顺序应自跨中向两端墩台连续浇筑。悬臂部分应从悬臂端向墩台进行浇筑，其浇筑速度要确保下层混凝土初凝前覆盖上层混凝土。待支架沉降稳定后，再浇筑接缝混凝土。但对于采用等重量荷载对模板和支架进行预压浇筑施工，可采用从一端向另一端浇筑的顺序。

7.1.1.3　模板拆除及卸架

混凝土浇筑后达到相应期限可拆除模板与支架，模板支架的拆除期限应根据结构特点、模板部位和混凝土所达到的强度来决定。支架拆除过程中要注意由于梁体从支架支撑状态逐渐地转变为承受自重的受力状态，支架必须逐渐均匀地脱离。骤然受力，变形幅度突然加大，可能发生裂缝。因此，卸落支架应按拟定的卸落程序进行，分几个循环卸完，卸落量开始宜小，以后逐渐增大。落架顺序应从梁挠度最大处的支架节点开始，逐步卸落相邻两侧的节点；简支梁、连续梁宜从跨中向支座依次循环卸落，悬臂梁应先卸挂梁及悬臂的支架，再卸无铰跨内的支架。卸落前应在卸架设备上画好每次卸落量的标记。落架要对称、均匀、有序；在纵向应对称均衡卸落，在横向应同时一起卸落。

7.1.2　现浇拱桥施工

拱桥是应用较广的桥梁结构形式。由结构力学可知，当拱轴线设计为合理拱轴线时，在竖向荷载作用下，拱结构主要承受轴向压力，拱轴线受压是拱桥的主要结构特点，故可利用抗压性能好而抗拉性能差的材料（如砖、石、混凝土等）来建造。而且拱桥外形美观、维修费用不高，因此应用广泛。钢筋混凝土拱桥施工也分为现浇法和安装法，现浇法拱桥施工的主要施工工序有：材料的准备、拱圈放样、拱架制作与安装、拱圈及拱上建筑的砌筑或浇筑等。

7.1.2.1　拱架的形式和构造

拱架按所用材料可分为木拱架、钢拱架、竹拱架、竹木拱架及"土牛拱胎"等形式。目前在修建中、小跨径的拱桥时，木拱架仍应用很多。木拱架构造形式可分为满布式拱架、拱式拱架及混合式拱架等几种。

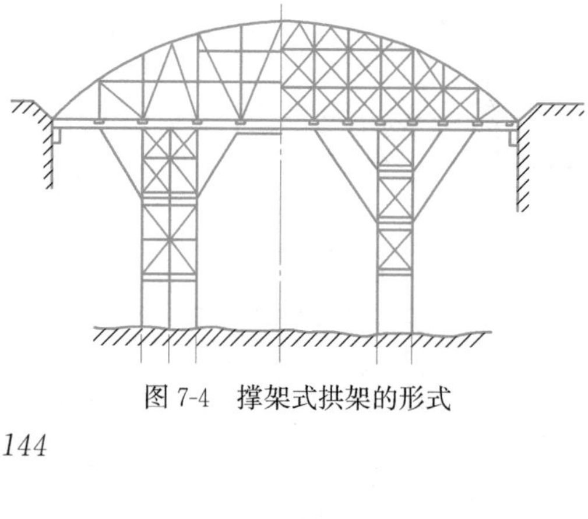

满布式拱架主要由拱架上部（拱盔）、卸架设备、拱架下部（支架）三个部分组成，其常用的形式有立柱式和撑架式。

立柱式拱架，构造和制作都很简单，但需要立柱较多，一般用于高度和跨度都不大的拱桥。

撑架式拱架（图7-4）是将立柱式拱架加以改进，用支架加斜撑来代替较多的立

图 7-4　撑架式拱架的形式

柱，由于它在一定程度上满足了通航的需要，因此实际工程中采用较多。

拱架应满足强度、刚度和稳定性的要求，节点部位至关重要。杆件在竖直与水平面内，要用交叉杆件连接牢固，以保证稳定。节点连接应采取可靠措施以保证支架稳定。图7-5是满布式拱架常用节点构造的一种形式。

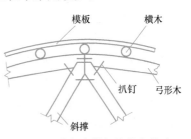

图 7-5　满布式拱架的节点构造

7.1.2.2　拱架预拱度的设置

拱架预拱度是指为抵消拱架在荷载作用下产生的位移（挠度），而在拱架施工或制作时预留的与位移方向相反的校正量。在确定施工拱度时，应考虑拱架承受施工荷载引起的弹性变形、超静定结构由于混凝土收缩和徐变及温度变化而引起的挠度、墩台水平位移引起的拱圈挠度、由结构重力引起的拱圈弹性挠度、支架基础在受载后的沉陷等。

由于影响因素多，因此预拱度很难精确计算。实际施工过程可先确定拱顶的预拱度，根据《公路桥涵施工技术规范》JTJ/T F50—2011的规定，拱顶预留拱度按$l/800 \sim l/400$估算（l为拱圈跨径）。当算出拱顶预拱度后，其余各点的预拱度可近似地按二次抛物线分配（图7-6a）。

$$\delta_x = \delta\left(1 - \frac{4x^2}{l^2}\right) \tag{7-2}$$

对于早期脱架施工的悬链线拱（拱轴线为悬链线），特别是当矢跨比较小时，支架卸落以后，拱圈的挠度呈"M"形，即拱顶下沉，而在$l/8$处上升。因此，为确保卸架后拱圈变形符合设计拱轴线要求，应采取拱顶预加正值预拱度，在$l/8$处预留负值的方法，如图7-6（b）所示。实际施工中通常采取降低拱轴系数方法进行计算：即以$f+\delta$为矢高，拱轴系数降低一级为设计前提，计算出拱轴线。该拱轴线作为施工拱轴线，卸架变形后正好与设计拱轴线吻合。（注：拱轴系数为拱脚和拱顶处恒载的比值，是悬链拱轴线设计中的重要参数）

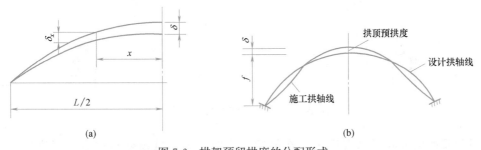

图 7-6　拱架预留拱度的分配形式

7.1.2.3　拱架的制作与安装

拱架宜采用标准化、系列化、通用化的构件拼装。无论使用何种材料的拱架，均应进行施工图设计，并验算其强度、刚度和稳定性。制作木拱架时，长杆件接头应尽量减少，两相邻立柱的连接接头应尽量分设在不同的水平面上。安装拱架前，对拱架立柱和拱架支撑面应详细检查，准确调整拱架支撑面和顶部标高，并复测跨度，确认无误后方可进行安装。各片拱架在同一节点处的标高应尽量一致，以便于拼装平联杆件。在风力较大的地区，应设置风缆，以增强稳定性。

7.1.2.4 浇筑拱圈

拱桥混凝土浇筑分三个阶段：拱圈或拱肋混凝土浇筑；立柱、连系梁及横梁混凝土浇筑；桥面浇筑。后两阶段施工相对简单，这里重点介绍最终承力结构——拱圈的浇筑。拱圈混凝土量大，浇筑过程中最易产生的问题是后浇筑混凝土的施工荷载使先浇筑混凝土产生变形和开裂，为此必须选择适当的浇筑方法和浇筑顺序。根据桥梁跨径大小常用施工方法有：连续浇筑法、分段浇筑法和分环（层）浇筑法。

连续浇筑法：跨径小于 16m 的拱圈或拱肋，因其跨径小、全拱的混凝土数量较少，连续浇筑需要的时间较短，后浇混凝土在先浇混凝土初凝前完成，因此可按拱圈全宽和全厚，由两端拱脚向拱顶对称连续浇筑。如预计不能在限定时间内完成，则应在拱脚处预留隔缝并最后浇筑隔缝混凝土。

分段浇筑法：跨度大于 16m 的拱圈或拱肋，因其跨径大、全拱的混凝土数量多，浇筑需要的时间长，若采用连续浇筑，可能会因为拱架下沉而使先浇筑混凝土开裂。这时应沿拱跨方向分段浇筑，各段之间留间隔槽。预留间隔槽应是拱圈易于产生裂缝部位，并考虑以能使拱架受力对称、均匀和变形小为原则留设。通常设置在拱架受力反弯点、拱架节点、拱顶及拱脚处，满布式拱架多设置在拱顶、$L/4$ 部位、拱脚及拱架节点等处，各段的接缝面应与拱轴线垂直。预留的间隔槽，其宽度一般为 0.5～1.0m，但安排有钢筋接头时，其宽度应能满足钢筋接头的需要。间隔槽之间分段的长度一般为 6～15m，分段浇筑时，应对称于拱顶进行。分段内的混凝土应一次连续浇筑完毕。分段对称施工浇筑的顺序一般如图 7-7 所示。间隔槽混凝土，应待分段浇筑完成后且其强度达到 75％设计强度以及接合面按施工缝处理后，由拱脚向拱顶对称进行浇筑。

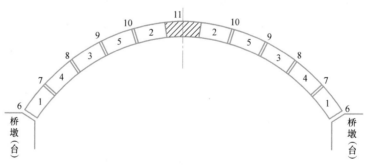

图 7-7 拱圈分段施工的一般顺序

拱顶及两拱脚间隔槽混凝土应在最后封拱时浇筑。拱顶处封拱合龙温度宜为 5～15℃，如白天气温较高可在夜间合龙，防止发生收缩，封拱合龙前拱圈的混凝土强度应达到设计强度。

分环（层）浇筑法：浇筑大跨径拱圈（拱肋）混凝土时，宜采用分环（层）法浇筑，下环合龙后再浇筑上环混凝土，浇筑时间较长，但可以减轻拱架负荷。分环浇筑的问题是各环混凝土龄期不同，混凝土的收缩和温差影响在环间产生剪力，形成环间裂缝，因此分环浇筑程序、养护时间必须符合设计要求。

大跨径拱圈（拱肋）混凝土有时也采用分环又分段的浇筑方法：上下环之间的间隔槽

互相对应，为减轻拱架负荷，有时沿拱圈纵向分成若干条幅或上下分层浇筑。分为条幅时中间条幅先行浇筑合龙，再横向对称、分次浇筑其他条幅，其浇筑顺序应通过计算确定。

7.1.2.5 拱架卸落

在拱圈合龙及混凝土达到规定的强度后即可拆除拱架。拆除拱架过程中，应确保拱架均匀下落，使拱架所支撑的结构重量逐渐转移到拱圈。为此拱架卸落应采用专门的卸落设备并按照设计卸载程序进行。

卸落设备：对于小跨径拱，可采用木楔或木凳；对大跨径拱，可采用砂筒（箱）或千斤顶等专用设备。

卸落程序：小跨径拱，可从拱顶开始，逐渐向拱脚方向对称卸落。大跨径悬链形拱，为避免可能产生的"M"形变形，可从两边 $l/4$ 处开始对称地向拱脚和拱顶方向逐渐卸落。

7.2 预制法施工

预制法施工通常要把桥梁结构划分成一定的预制单元，在专门的预制场地或在桥梁厂内预制，通过专门的设备，将预制构件运输到桥头或桥孔下，再通过一定设备经过起吊、纵移、横移、下落、校正、固定等工序完成构件的安装。

预制法施工具有工期短、混凝土收缩徐变影响小、质量容易控制，有利于组织文明施工的优点。其缺点是必须要求有足够的预制场地和必要的运输与安装设备，同时预制块之间钢筋可能被截断而需要做接缝处理。近年来，随着调运设备能力的不断提高、预应力技术的不断完善，预制安装方法应用范围有不断扩大的趋势。

这里主要介绍装配式简支梁桥和装配式拱桥的安装施工。

7.2.1 装配式简支梁桥的安装

简支梁桥，当跨径较小时可采用普通钢筋混凝土结构；当跨径较大时（大于 20m）多采用预应力混凝土结构，两种结构的安装方法没有实质区别。

简支梁桥施工之前首先要合理划分块件单元。块件单元应根据吊运设备能力、接头处受力小、施工方便、构件容易实现标准化等原则划分，可采用按纵向竖缝划分、纵向水平缝划分、纵横向竖缝划分。按纵向竖缝划分块段主筋不截断，梁的整体性好，应尽量采用，其中以按纵向竖缝划分块段最为普遍。按纵横向竖缝划分的块段无钢筋穿过接缝，必须在安装对位后串联预应力筋并施加预压应力，保证足够的连接强度，这样的梁也称串联梁。

简支梁桥施工的关键是梁段的架设方法，根据工作面不同，分为陆地架设法、浮吊架设法和高空架设法等。

7.2.1.1 陆地架设法

当桥下附近有足够的场地布置堆场和行车道路，可采用陆地架设法。陆地架设法包括自行吊车架设法、跨墩龙门式吊车安装法、摆动排架架设法、移动支架架设法等。

自行吊车架设法主要用于桥不太高、梁的跨径不大、有足够的场地可设置行车便道的情况（图7-8a）。一般陆地桥梁和城市高架桥预制梁安装常采用汽车或履带吊车。根据吊装重量不同，可采用单吊或双吊两种。其优点是机动灵活，不需要动力设备，架梁速度快。一般吊装能力为 150～1000kN。跨墩龙门式吊车安装主要适用于岸上和浅水区域安装预制梁。对于桥孔较多、桥不太高时，具备沿桥墩两侧铺设轨道的条件，可以采用一台或两台龙门式吊车来安装（图 7-8b）。该方法需铺设吊车行走轨道，并在其内侧铺设运梁轨道。梁运到施工现场后，用龙门式吊车进行起吊、横移，将其安装在预定位置。一孔架完后，向前移动吊车，再架设下一孔，直到全部架完。

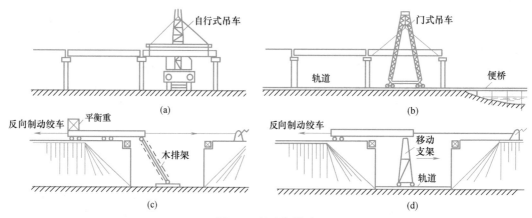

图 7-8　陆地架设法

摆动排架架设法（图 7-8c）适用于小跨径桥梁。用排架（木制或钢制的）作为受力的摆动支点，摆动速度主要由牵引绞车和制动绞车来控制。当预制梁安装就位后，用千斤顶落梁。

移动支架架设法（图 7-8d）主要用于高度不大的中、小跨径桥梁，采用移动支架来架梁。移动支架带着梁随牵引车沿轨道前进，当梁安装就位后，用千斤顶落梁。

7.2.1.2　浮吊架设法

浮吊架设法是将预制梁从岸上吊装至装梁船上浮运至架桥孔后，利用可回转的伸臂式浮吊架梁的方法，主要适用于在海上或水深河道上架桥（图 7-9）。

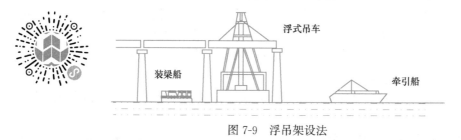

图 7-9　浮吊架设法

这种架梁方法的优点是吊车的吊装能力较大，施工较安全，工作效率高。缺点是需要大型浮吊，另外，浮吊架梁时需在岸边设置临时码头来移运预制梁，架设时要将浮吊锚固牢靠。在海域施工时，由于风浪、涌潮等影响，吊点晃动较大，梁体精确落位难度大，为提高架设效率，墩顶宜设置梁体的纵横移动设施以实现梁体的精确定位。

浮运架设法，将预制梁装载在一艘或两艘浮船中的支架上，使梁底高于墩台支座顶面0.2～0.3m，浮船运达架桥孔的设计位置后，对船充水使浮船吃水加深下沉，以降低梁底标高使梁安装就位。

7.2.1.3 高空架设法

高空架设法就是用架桥机架设桥梁，利用已经安装好的梁段作为工作面，从桥的端部向跨中方向推进，不受跨下水深和墩高的影响。架桥机有很多种，从架桥机受力上分为悬臂和简支，从架桥机主梁数目上分为单梁和双梁，从组成上分专用架桥机和拼装式架桥机等。无论哪类架桥机，其安装程序基本相似，大的程序主要是两个：一是架桥机的移动就位，二是桥的主梁安装就位。下面以联合架桥机为例介绍其安装程序。

联合架桥机如图 7-10 所示，是由一根两跨长的钢导梁，两套门式吊机和一个托架（又称蝴蝶架）三部分组成，门式吊车顶横梁上设有吊梁用的行走小车。在架梁前，首先要安装钢导梁，导梁顶面铺设供平车和托架行走的轨道。预制梁由平车运至待安装的桥跨上，用龙门架吊起并借助横移小车将其横移降落就位（图 7-10a）。当一孔内所有梁架好以后，将龙门架放置在蝴蝶架上，松开蝴蝶架，蝴蝶架托运龙门架，沿导梁轨道移至下一墩台上去（图 7-10b）。如此循环下去，直至全部架完。

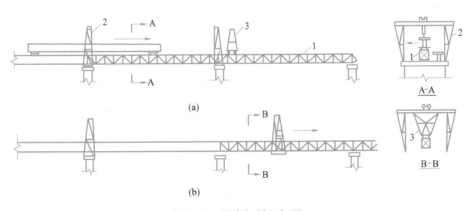

图 7-10　联合架桥机架梁

1—钢导梁；2—门式吊车；3—托架（运送门式吊车用）

该方法利用已安装好的梁作为下一孔桥梁的安装工作面，其优点是不受水深和墩高的影响；架桥效率高，一般条件下每天可架设 2～3 片梁；施工时不影响通航。因此，主要用于桥高水深、多跨的中、小跨径简支梁桥。

7.2.2　装配式预制拱桥安装

装配式拱桥跨径较大，多采用缆索吊机安装，先将拱圈（拱肋）在桥头岸边分段预制，预制好的拱段采用缆索吊机运输和安装。这种方法是我国大跨度拱桥无支架施工的主要方法，适用于深水、深壑、峭壁或要求河道通航的区域。

装配式预制拱桥施工过程包括拱肋（箱）的预制、移运和吊装，拱上建筑施工，桥面结构施工等主要工序。拱肋安装核心设备是缆索吊机，由主索、工作索、塔架和锚固装置四个部分组成，其布置形式如图 7-11 所示。架设程序一般为借助设备将拱肋由预制场移运到主索下，系好吊点，由主索承担起吊提升、牵拉运行和就位安装工作。安装时从桥孔的两端向中间对称进行，应保证拱肋有足够的纵、横向稳定性。在最后一节构件就位后，各接头位置调整到规定标高，放松吊索将各段合龙。

拱肋安装完成后，可进行拱上建筑的施工，拱上建筑施工过程实质是对已安装好的拱肋加载过程，为避免拱上建筑施工程序不当导致拱圈开裂，必须对拱上建筑的施工程序和步骤做出合理设计，即进行加载程序设计，目的是使拱肋在整个施工过程中满足足够的强度和稳定性要求。加载程序设计多采用影响线加载计算内力和挠度，再进行强度、稳定性、变形的计算。

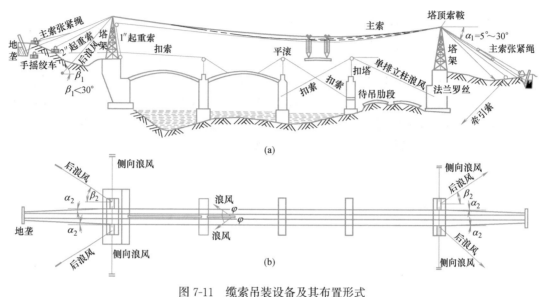

(a)

(b)

图 7-11　缆索吊装设备及其布置形式

(a) 立面图；(b) 平面图

7.3　悬臂法施工

悬臂法最初应用于 T 形刚构桥施工，由于其独特的优越性，后来逐渐推广到悬臂梁、连续梁、斜拉桥、拱桥的施工。与传统现浇法和装配法的展开方式不同，它从桥墩开始，向两侧对称现浇梁段或将预制节段对称进行拼装，前者为悬臂浇筑施工，后者为悬臂拼装施工。

悬臂法有很多优点：梁体施工阶段和运营阶段受力一致，避免了传统方法梁体由支架支撑状态转变为受力状态过程中，易产生的变形不均匀和混凝土开裂问题；由于发挥了预应力混凝土悬臂结构承受负弯矩能力强的特点，避免了传统方法中梁体跨中产生正弯矩的问题，使桥梁的跨越能力提高；跨间不需要搭设支架，对通航或桥下交通没有影响；减少了施工设备、简化了施工程序；可多孔作业、同时施工、缩短工期；施工费用低。因此，悬臂施工法目前已经成为建造跨径比较大的预应力混凝土悬臂梁桥、连续梁桥、斜拉桥和拱桥较为普遍的一种施工方法。

至于悬臂法是采用悬臂浇筑法还是悬臂拼装法，要根据具体条件酌情选用。悬臂浇筑法能保证结构的整体性，施工较为简便；悬臂拼装法可使桥梁上、下部结构平行作业，施工速度快。

7.3.1　悬臂浇筑施工

悬臂浇筑法是在桥墩两侧设置工作平台，利用挂篮在墩柱两侧对称平衡地逐段向跨中悬臂浇筑混凝土梁体，并逐段施加预应力。

7.3.1.1 施工挂篮

挂篮是悬臂浇筑施工的主要工艺设备，它是一个能沿轨道行走的活动脚手架，悬挂在已经张拉锚固的箱梁梁段上。挂篮质量与梁段混凝土的质量比值宜控制在 0.3～0.5 之间，特殊情况下也不应超过 0.7。挂篮的主要组成部分有承重系统、悬吊系统、锚固系统、行走系统、模板与支架系统。如图 7-12 所示为挂篮结构简图。

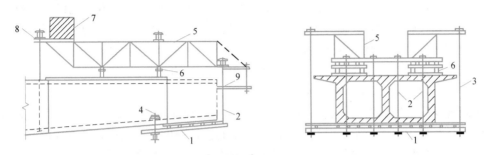

图 7-12 挂篮结构简图

1—底模板；2～4—悬吊系统；5—承重结构；6—行走系统；7—平衡重；8—锚固系统；9—工作平台

用挂篮浇筑初始几对梁段时，墩顶工作面窄，两侧挂篮的承重结构应连在一起，如图 7-13（a）所示。待梁浇筑到一定长度后再将两侧承重结构分开，如图 7-13（b）所示。

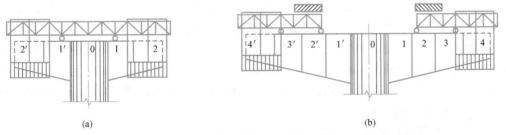

图 7-13 使用挂篮的两种施工状态

在挂篮上可进行下一梁段的模板安装、钢筋绑扎、管道安装、混凝土浇筑和预应力张拉、灌浆等工作。一个循环完成后，挂篮向前移一个梁段，并固定在新梁段位置上。不断循环一直到整个悬臂梁全部浇筑完。注意上挂篮前 0 号、1 号梁段必须是完成了浇筑和张拉，并对支座做了临时固结措施。

挂篮的设计必须具有足够的强度、刚度和稳定性。如果挂篮刚度不足以满足承重荷载的要求，在浇筑混凝土时，受逐渐增大的重力作用，挂篮会发生过大的变形，将导致凝结后的梁体几何尺寸变形，新旧接触面脱离而产生裂缝。因此挂篮拼装完成后，为验证挂篮的可靠性和消除其非弹性变形，应测取挂篮在不同荷载下的实际变形量，以便作为挠度控制的立模标高预加抬高量的依据。在第一次使用挂篮前应对其进行试压，试压方法可采用水箱加载或千斤顶加载法。

7.3.1.2 悬浇施工工艺流程

梁段悬臂浇筑的各项作业是在挂篮安装就位后在其上进行的，其工艺流程为：（1）挂篮前移就位；（2）安装箱梁底模；（3）安装底板及肋板钢筋；（4）浇底板混凝土及养护；

（5）安装肋模、顶模及肋内预应力管道；（6）安装顶板钢筋及顶板预应力管道；（7）浇筑肋板及顶板混凝土；（8）检查并清洁预应力管道；（9）混凝土养护；（10）拆除模板；（11）穿钢丝束；（12）张拉预应力钢束；（13）管道灌浆。

悬浇时，必须对称浇筑，重量偏差不超过设计规定的要求，浇筑顺序是从前端开始逐步向后端进行，最后与已浇梁端连接。

7.3.1.3 临时固结

对于连续箱梁，设计时梁与墩未固结在一起，施工时两侧悬浇施工难以保持绝对平衡，因此必须在施工中采取临时固结措施，使梁具有抗弯能力。临时固结一般采用在支座两侧临时加预应力筋，梁和墩顶之间浇筑临时混凝土垫块。将梁固结在桥墩上，使梁具有一定的抗弯能力。待梁体合龙后再采用静态破碎方法，解除固结。

7.3.1.4 合龙施工及体系转换

中间合龙段合理长度一般为1.5～2.0m，合龙混凝土浇筑前要安装合龙段的劲性型钢和张拉临时束，确保合龙段混凝土强度在未达到设计强度前不变形。合龙段混凝土中宜加入减水剂、早强剂，以便及早达到设计要求的强度，并及时张拉预应力筋防止合龙段混凝土出现裂缝。

施工时为确保合龙段混凝土始终处于稳定状态，须在合龙段两侧悬臂端设置相当于混凝土重量的配重水箱加压，并随合龙段混凝土的浇筑逐步等量放水卸载减压，以保持合龙段混凝土浇筑过程中荷载平衡，挠度不变。

为减少温度变化对合龙段混凝土产生拉应力，混凝土浇筑时间应选择一天最低气温时浇筑，混凝土强度达到设计要求强度后，按顺序对称地进行张拉、压浆。在张拉压浆完成后应及时解除0号梁段与墩身的固结，即放松0号梁段临时锚固的预应力筋，拆除梁与墩顶之间设置的临时混凝土支座垫块，将各墩临时支座反力转移到永久支座上，将梁体转换成连续梁体系。解除顺序是从中线的两侧对称进行，凿除临时支座垫块时要先中间后两边，前后左右对称地进行。

7.3.2 悬臂拼装施工

悬臂拼装法施工是用活动吊机将预制好的梁段吊起，向墩柱两侧对称均衡地拼装就位，然后进行张拉锚固，再逐段地拼装下一梁段。如此反复，直至全部块件拼装完。悬拼与悬浇相比具有的优点：梁体的预制可与桥梁下部结构施工平行进行，缩短工期；预制梁的混凝土龄期比悬拼法长，从而减少了悬拼成梁后混凝土的收缩和徐变；梁段预制的工厂化、规范化利于提高效率和质量控制。

悬臂拼装施工包括块件预制、运输和拼装及合龙段施工。

7.3.2.1 块件预制

块件应在台座上连续啮合预制，一般是在工厂或桥位附近将梁体沿轴线划分成适当长度的块件，然后进行预制。预制块件之间要密贴，通常采用间隔浇筑法来预制块件，让先浇好的块件的端面作为后浇筑块件的端模，如图7-14所示（图中数字表示浇筑次序）。另外，必须在先浇块件端面涂刷隔离剂（薄膜、皂类、废机油等），使块件出坑时易分离。

7.3.2.2 块件的运输与拼装

（1）块件的运输

块件出坑后，一般先存放于存梁场，拼装时块件由存梁场运至施工地点。存梁场地应

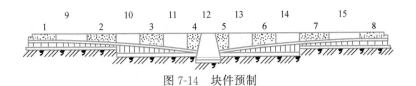

图 7-14　块件预制

平整，承载力应满足要求。块件的运输方式分为场内运输、块件装船和浮运。当存梁场位于岸边时，可用浮吊直接从存梁场将块件吊放到运梁驳船上浮运。块件装船应在专用码头上进行，采用装船吊机装船。装船浮运，应设法降低浮运重心，并用缆索将块件系牢固。

（2）块件的拼装

块件的拼装根据施工现场的实际情况采用不同的方法。常用的方法有自行式吊车拼装、门式吊车拼装、水上浮吊拼装、高空悬拼等。

图 7-15（a）是用沿轨道移动的伸臂吊机进行悬拼的示意图；图 7-15（b）是用拼拆式活动吊机进行悬拼的示意图；图 7-15（c）是用缆索起重机吊运和拼装块件的示意图。

悬拼过程中的接缝形式有湿接缝、干接缝、半干接缝和胶接缝等几种（图 7-16）。图 7-16（a）为湿接缝，块件的拼装位置易调整，接头的整体性好。图 7-16（b）为干接缝，易渗水，目前很少采用。图 7-16（c）为半干接缝，便于调整悬臂的位置。图 7-16（d）、

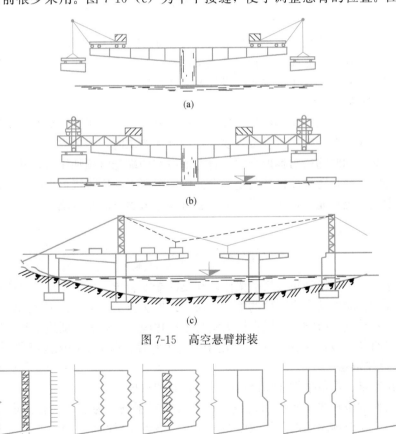

图 7-15　高空悬臂拼装

图 7-16　块件的接缝形式

(e)、(f) 为胶接缝，粘胶剂一般采用环氧树脂，涂胶前应将混凝土表面烘干，胶缝加压被挤出的胶粘料应及时刮干净。此法在悬臂拼装中应用最广。

7.3.2.3 穿束与张拉

（1）穿束

预应力钢丝束多集中于顶板，而且对称于桥墩，因此，预应力钢筋要按照一对对称于桥墩的预应力钢丝，并考虑锚固长度来下料。穿束有明槽穿束和暗管穿束两种。

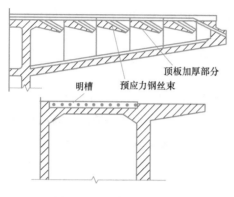

图 7-17 明槽钢丝束布置

明槽穿束难度相对较小。预应力钢丝束锚固在顶板加厚部分，在此部分预留有管道，如图 7-17 所示。穿束前应检查锚垫板和孔道，锚垫板应位置准确，孔道内应畅通、无水和其他杂物。明槽钢丝束一般为等间距布置，穿束前先将钢丝束在明槽内摆平，之后再分别将钢丝束穿入两端管道内。管道两头伸出的钢丝束应等长。

暗管穿束一般采用人工推送，实际操作应根据钢丝束的长短进行。

（2）张拉

挂篮移动前，顶、腹板纵向钢丝束应按设计要求的张拉顺序张拉，如设计未作规定，可采取分批、分阶段对称张拉。张拉时注意梁体和锚具的变化。张拉要按《公路桥涵施工技术规范》JTJ/T F50—2011 的规定及设计要求执行。

7.3.2.4 合龙段施工

用悬臂施工法修建的连续刚构桥、连续梁桥和悬臂桁架拱桥等，需在跨中将悬臂端刚性连接、整体合龙。合龙顺序符合设计要求，设计无要求时，一般先边跨，后中跨。多跨一次合龙时，必须同时均衡对称地合龙。合龙前应在两端悬臂预加压重，并于浇筑混凝土过程中逐步撤除，使悬臂挠度保持稳定。合龙段的混凝土强度等级可提高一级，以尽早张拉。合龙段混凝土浇筑完后，应加强养护，悬臂端应覆盖，防止日晒。

7.4 顶推法施工

顶推法是在桥头逐段浇筑或拼装梁体，在梁前端安装导梁，用千斤顶纵向顶推，使梁体通过各墩顶的临时滑动支座就位的施工方法。顶推法施工优点是：不使用脚手架、不影响通车通航、不受气候影响；梁段在桥头实行工厂化施工，利于保证质量和工期；施工费用低。顶推梁跨径一般在 80m 以内，适用于中、大跨径、截面等高的连续梁桥。

7.4.1 施工准备

根据桥跨数量、设备条件和场地情况确定预制和顶推方案。

在桥台后面的桥轴线位置的引道或引桥上设置预制场，为了加快施工进度并有条件时，也可在桥两端设预制场地，从两岸相对顶推。值得注意的是，预制场的地基必须碾压密实，并采取排水措施，确保其不沉陷、不积水，具有足够的承载力。若地基软弱必须进行加固处理达到要求。在密实、平整的地基上浇筑的混凝土台座必须满足强度、刚度和稳定性设计要求。

如跨径较大，现场条件允许时，可在设计跨径中间设置临时墩以减少顶推跨径。

7.4.2 顶推装置与工艺

顶推法施工中采用的主要装置是千斤顶、滑板和滑道。根据传力方式不同，顶推装置分为推头式和拉杆式两种。推头式顶推装置的顶推方法如图 7-18 所示。先用竖向千斤顶将梁顶起，然后用水平千斤顶推动竖顶，将梁向前推动。推完一个行程，降下竖顶，水平千斤顶回油复位，如此循环，将梁不断向前推进。图 7-18（a）用于桥台处的顶推。图 7-18（b）可用于梁中各点的顶推。

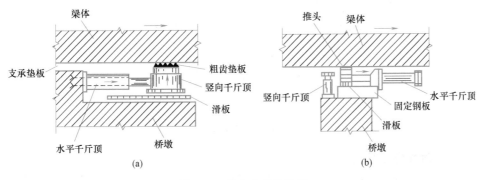

图 7-18　推头式顶推装置

拉杆式顶推装置的布置如图 7-19 所示。传力架固定到桥墩上，穿心式千斤顶固定到传力架上，拉杆一端锚固在千斤顶活塞顶端。拉杆尾部若干点同时与梁体通过锚固器相连接。这样，随着千斤顶活塞的顶出，梁体被拉动，并向前滑移。拉杆的接长用连接器，如图 7-19（a）所示；为了增强锚固器和千斤顶的锚固力，减少拉杆根数，可使用高强度螺纹钢筋作拉杆，如图 7-19（b）所示；为减少摩擦力，梁体与桥墩之间设置滑板；锚固器通过箱梁外侧的预埋钢板固定在箱梁上；为了拆装方便，拉锚座常制成插销式活动装置。

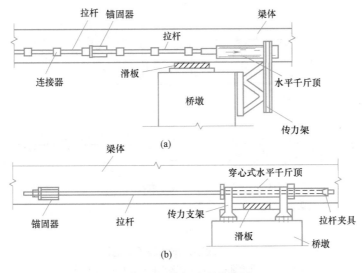

图 7-19　拉杆式顶推装置

顶推法常用的滑道装置如图7-20所示，它包括墩顶处混凝土滑台、铬钢板和滑板三部分。滑板由四氟板和橡胶板组成。图7-20（a）所示构造需借助竖顶完成顶推工作，当滑板滑至另一侧时竖顶将梁顶起，将滑板重新放到原来位置，再将竖顶回油复位，进行新一轮顶推。图7-20（b）所示构造省去竖顶操作，顶推时，四氟板在铬钢板上滑动，并在前方滑下，同时在后方喂入滑板，带动梁体前移。

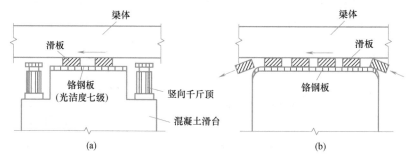

图7-20　滑道构造

7.4.3　顶推施工方式

顶推施工方式包括单向顶推和双向顶推以及单点顶推和多点顶推等多种。图7-21（a）为单向单点顶推方式，适用于建造跨度为40～60m的多跨连续梁桥。图7-21（b）为单向多点顶推方式，是一般常采用的方式，适用于建造特别长的多联多跨桥梁。图7-21（c）为双向顶推方式，适用于不设临时墩而修建中跨跨径很大的连续梁桥。

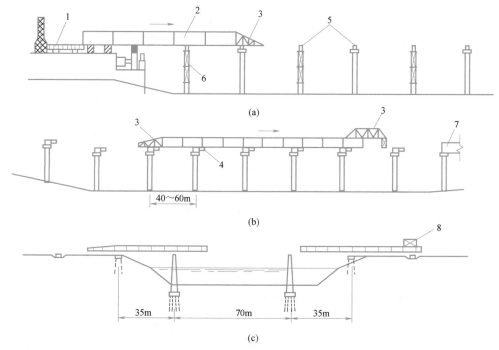

图7-21　连续梁顶推法施工示意图
（a）单向单点顶推；（b）单向多点顶推；（c）双向顶推
1—制梁场；2—梁段；3—导梁；4—千斤顶装置；5—滑道支撑；6—临时墩；7—已架完的梁；8—平衡重

7.5　逐孔法施工

逐孔施工法主要适用于建造跨径 50m 以内的等跨和等截面桥梁施工。它是从桥梁的一端开始，利用移动模架、大型滑模设备，现场整孔一次浇筑，逐跨推进，周期循环，直到全部完成桥梁施工。逐孔施工法从施工技术方面可以分为用临时支撑组拼预制节段逐孔施工、使用移动支架逐孔现浇施工（移动模架法）。移动模架法是逐孔施工法中应用较多的一种，主要用于建造孔数多、桥跨较长、桥墩较高及桥下净空受到约束的桥梁。其工艺特点是无需在跨间设置落地支架，而是用整跨架立钢架来支撑模架，在完成模板安装、钢筋绑扎、混凝土浇筑、张拉及养护后，再纵向移动钢模架逐孔施工向前推进。移动模架逐孔施工法（图 7-22）。机械化程度高，且能节省劳力，降低劳动强度，由于上下部结构可以平行作业，缩短了工期。另外，该方法不用在地面设置支架，不需进行地基处理，且对通航和桥下交通影响小，施工安全。因此，对于软弱地基、水域、高墩、山区等施工条件，该法具有明显的优越性。

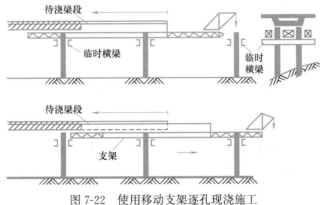

图 7-22　使用移动支架逐孔现浇施工

7.6　转体法施工

转体法施工是 20 世纪 50 年代以后发展起来的新工艺，该法是利用河岸地形预制两个半孔桥跨结构，在岸墩或桥台上旋转就位、跨中合龙的施工方法。转体施工一般适用于单孔或三孔的桥梁。转体法能较好地克服在高山峡谷、水深流急或经常通航的河道上架设大跨度构造物的困难，尤其是对修建处于交通运输繁忙的城市立交桥和铁路跨线桥，其优势更加明显。同时具有设备简单、材料节省、节省造价的优点。

转体施工法的关键技术问题是转动设备与转动能力，施工过程中的结构稳定和强度保证，结构的合龙与体系的转换。

转体施工按桥体在空间转动的方向可分为竖向转体施工法和平面转体施工法。

竖向转体施工主要用于转体重量不大的各式混凝土拱桥或某些桥梁预制部件（塔、斜腿、劲性骨架）。其基本原理是：将桥体从跨中分成两个半跨，在桥轴方向上的河床预制，岸端设铰，桥台或台后设临时塔架作支撑提升系统，通过卷扬机回收提升牵引绳，将桥体竖转至桥位中线处合龙位置,浇筑合龙段混凝土,将转铰点封固,完成竖转施工。适合河内无水条件下使用。

平面转体施工主要适用于刚构梁式桥、斜拉桥、钢筋混凝土拱桥及钢管拱桥。其基本原理是:将桥体从跨中分成两个半跨,在桥梁墩(台)处设置转盘,将待转桥体的部分或全部置于转盘之上,并沿岸边预制,通过张拉锚扣体系实现桥体与支架的脱离并平衡桥体重量,通过动力装置(卷扬机、千斤顶等)牵引转盘,将桥体平转至桥位中线处合龙位置,浇筑合龙段接头混凝土,封固转盘,完成平转施工。

平面转体施工按有无平衡重又分为有平衡重平面转体施工法和无平衡重平面转体施工法。

7.6.1 有平衡重平转施工

目前国内有平衡重平面转体施工使用的转体装置主要有两种:一种是环道平面承重转体,如图 7-23(a)所示;另一种是轴心承重转体,如图 7-23(b)所示。

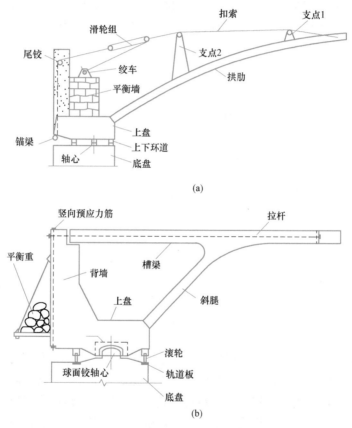

图 7-23 转动体系的一般构造

7.6.1.1 转动体系的构造

转动体系主要包括底盘、上盘、背墙、桥体上部构造、拉杆(或拉索)等几部分,如图 7-24 所示。底盘和上盘属于桥台基础的一部分,底盘和上盘之间为可灵活转动的转体装置。背墙是桥台的前墙,拉杆是拱桥的上弦杆或扣索钢丝绳。

(1)四氟板环道

四氟板环道是一种平面承重转体装置,它主要由轴心和环形滑道组成,如图 7-24 所示，其中图 7-24（a）为环形滑道构造，环形滑道包括上环道和下环道，上环道底面嵌镀铬钢板，接着铺放四氟板，然后用扇形预制板把轴帽和上环道连成一体，同时浇筑混凝土，从而形成上转盘。图 7-24（b）为轴心构造。轴心由轴座、钢轴心、轴帽和钢套等组成。

（2）球面铰、轨道板和钢滚轮

球面铰的类型包括半球形钢筋混凝土铰、球缺形钢筋混凝土铰、球缺形钢铰，如图 7-25（a）所示。轨道板和钢滚轮的构造如图 7-25（b）所示。

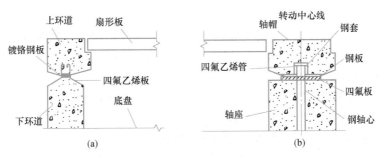

图 7-24　四氟板环道的构造

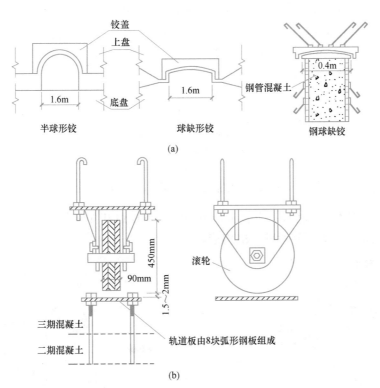

图 7-25　球面铰、轨道板及滚轮的构造

7.6.1.2　有平衡重平面转体拱桥的主要施工工艺

有平衡重平面转体拱桥的主要施工顺序为：①制作底盘；②制作上转盘；③布置牵引系统的锚碇及滑轮，试转上转盘到预制轴线位置；④浇筑背墙；⑤浇筑主拱圈上部结构；⑥张拉拉杆（或扣索），使上部结构脱离支架，并且和上转盘、背墙形成一个转动体系，

通过配重把结构重心调到轴心；⑦牵引转动体系，使半拱平面转动合龙；⑧封上下盘，夯填桥台背土，封拱顶，松拉杆或扣索，实现体系转换。

扣索或拉杆的作用是固定桥体，使桥体与支架脱离。通常，桥体混凝土达到设计规定强度或者设计强度的80％后，方可分批、分级张拉扣索，扣索索力应进行检测，其允许偏差为±3％。张拉达到设计总吨位左右时，桥体脱离支架成为以转盘为支点的悬臂平衡状态，再根据合龙高程（考虑合龙温度）的要求精调张拉扣索。

转体合龙时应注意：①应严格控制桥体高程和轴线，误差符合要求；②应控制合龙温度，合龙温度与设计要求偏差3℃以内，合龙时应选择当日最低温度进行；③合龙时，宜先采用钢楔刹尖等瞬时合龙，再施焊接头钢筋，浇筑接头混凝土，封固转盘；④在混凝土达到设计强度的80％后，再分批、分级松扣，拆除扣、锚索。

7.6.2 无平衡重转体施工

无平衡重转体施工采用锚固体系代替平衡重，其一般构造如图7-26所示，由锚固体系、转动体系和位控体系构成平衡的转体系统。

锚固体系由锚碇、尾索、支撑、锚梁（或锚块）及立柱组成。锚碇可设于引道或其他适当位置的边坡岩层中。锚梁（或锚块）支撑于立柱上。支撑和尾索一般设计成两个不同方向，形成三角形体系，以稳定锚梁和立柱顶部的上转轴，并使其为一固定点。

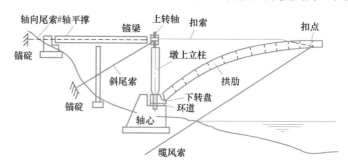

图7-26 拱桥无平衡重转体一般构造

转动体系由拱体、上转轴、下转轴、下转盘、下环道和扣索组成。图7-27为上转轴的一般构造，图7-28为下转盘的一般构造。

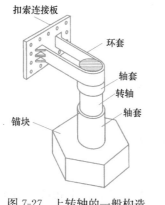

图7-27 上转轴的一般构造

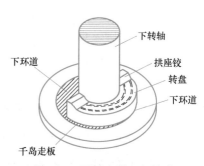

图7-28 下转盘的一般构造

转动体系施工可按下列程序进行：安装下转轴、浇筑下环道、安装转盘、浇筑转盘混凝土、安装拱脚铰、浇筑拱脚铰混凝土、拼装拱体、穿扣索、安装上转轴等。

位控体系包括扣点缆风索和转盘牵引系统，用以控制在转动过程中转动体的转动速度和位置，安装时的技术要求应按照规范中的有关规定执行。

尾索张拉一般在立柱顶部的锚梁（锚块）内进行，操作程序与一般预应力梁后张法类似。两组尾索应按照上下左右对称、均衡张拉的原则，对桥轴向和斜向尾索分次、分组交叉张拉。

扣索张拉前应设立桥轴向和斜轴向支撑以及拱体轴线上拱顶、3/8、1/4、1/8 跨径处平面位置和高程观测点，在张拉前和张拉过程中随时观测，张拉到设计荷载后，拱体脱架。

合龙施工时，应对全桥各部位包括转盘、转轴、风缆、电力线路、拱体下的障碍等进行测量、检查，符合要求后，方可正式平转。若起动摩阻力较大，不能自行起动时，宜用千斤顶在拱顶处施加顶力，使其起动，然后应以风缆控制拱体转速；风缆走速在起动和就位阶段一般控制在 0.5～0.6m/min，中间阶段控制在 0.8～1.0m/min。当两岸拱体旋转至桥轴线位置就位后，两岸拱顶高程超差时，宜采用千斤顶张拉、松卸扣索的方法调整拱顶高差。符合要求后，尽量按设计要求规定的合龙温度进行合龙施工，其内容包括用钢楔顶紧合龙口，将两端伸出的预埋件用型钢连接焊牢，连接两端主钢筋，浇筑拱顶合龙口混凝土。当混凝土达到设计强度的 75% 后，可卸除扣索。扣索的卸除按对称均衡的原则，分级进行。全部扣索卸除后，应测量轴线位置和高程。

思 考 题

7-1 普通钢筋混凝土桥的施工方法有哪些？各有何特点？

7-2 悬臂梁、连续梁混凝土浇筑的方法有哪些？在浇筑时要注意什么？

7-3 混凝土梁桥的模板支架卸架程序如何？

7-4 何谓拱架的预拱度？如何设置预拱度？

7-5 拱圈（肋）混凝土浇筑的施工方法有哪些？各有何要求？

7-6 装配式简支梁桥的施工方法有哪几种？其适用性如何？

7-7 简述悬臂浇筑施工的工艺流程。

7-8 顶推法施工时顶推的装置是什么？顶推的过程中应注意什么？

7-9 何谓转体施工法？按转动的几何平面分为哪几种？

8 流水施工

8.1 流水施工的概念

　　某工程在空间上可以划分成 M 个独立的施工对象，完成每个施工对象都需要相同的 N 个施工过程，则该工程可分解成 $M \times N$ 个工作，这 $M \times N$ 个工作在时间上的排列顺序由于分工形式不同有很多种，比较典型的有三种：依次施工、平行施工和流水施工。

　　如图 8-1 所示，为某 4 幢相同房屋的基础工程施工，其施工过程均相同。

工程编号	分项工程名称	工作队人数	施工天数	施工进度(d)
				依次施工(80) — 平行施工(20) — 流水施工(35)
1	挖土方	8	5	
	垫层	6	5	
	砌基础	14	5	
	回填土	5	5	
2	挖土方	8	5	
	垫层	6	5	
	砌基础	14	5	
	回填土	5	5	
3	挖土方	8	5	
	垫层	6	5	
	砌基础	14	5	
	回填土	5	5	
4	挖土方	8	5	
	垫层	6	5	
	砌基础	14	5	
	回填土	5	5	
劳动力动态图				依次施工：8 6 14 5 8 6 14 5 8 6 14 5 8 6 14 5；平行施工：32 24 56 20；流水施工：8 14 28 33 25 19 5
施工组织方式				依次施工　　平行施工　流水施工

图 8-1　各种施工组织形式对比

　　依次施工（也称顺序施工），是当第一个施工对象完工后开始第二对象的施工，这种方法同时投入劳动力和物质资源较少，但各专业工作队施工不连续、工期长。平行施工是几个相同的专业施工班组，在同一时间不同的工作面上同时开工的一种施工组织方式。平行施工最大限度地利用了工作面，工期最短，但劳动力和物质资源消耗量集中，造成组织安排和施工现场管理困难，增加施工管理的费用，而且各专业工作队不能连续作业。流水施工是将不同对象保持一定间隔时间，陆续开工、陆续完工。各施工队（组）依次在各施工对象上连续完成各自施工过程。

流水施工的特点是：①各专业队能连续作业，不窝工；②资源使用均衡，有利于资源供应组织和管理；③实现工期与成本的兼顾，经济效果好；④能充分利用空间和时间；⑤专业化施工有利于提高操作技术、工程质量和效率；⑥为现场文明施工和科学管理提供良好条件。

流水施工是借用工业生产中的流水作业法，并在土木工程实践中证明是一种科学的施工组织方法。但在具体应用时要注意流水施工的应用条件。流水施工必须具备以下四个条件：

（1）工程可分解为若干个施工对象；

（2）每个对象可分解为若干个施工过程，且不同施工对象的施工过程相同；

（3）在所有施工对象上，同样施工过程由同一专业施工队（组）承担、不同施工过程由不同专业施工队（组）承担，即专业化分工；

（4）施工对象彼此独立。

施工时应尽量创造条件组织流水施工，对一个单位工程或某一分部工程来说，只是一个施工对象，不具备流水施工的条件，这时可通过划分施工段的方法把一个对象分解成若干个施工对象，从而具备流水施工的条件。

8.2 流水施工参数

在组织流水施工时，用来表达流水施工在施工工艺、空间布置和时间安排方面开展状态的参数，统称为流水参数。流水参数按其性质的不同，一般分为工艺参数、空间参数和时间参数三种。其中，用以表达流水施工在施工工艺上开展顺序及其特征的参数称为工艺参数，包括施工过程数和流水强度；用以表达流水施工在空间布置上所处状态的参数称为空间参数，包括工作面、施工段数和施工层数；用以表达流水施工在时间排列上所处状态的参数称为时间参数，包括流水节拍、流水步距、间歇时间、平行搭接时间、流水工期等。

下面对主要的施工参数进行介绍。

8.2.1 施工过程数

各施工对象一般按占用工作面的主导工序来确定施工过程和施工过程数（n），如砌筑、扎筋、支模、浇混凝土等，而在工作面以外的施工场地内外的运输、制备类工序不作为流水施工的过程。

8.2.2 工作面、施工段数和施工层数

工作面是指提供工人进行操作的地点范围和工作活动空间。

把施工对象在平面上划分为若干个劳动量大致相等的施工区域，称为施工段；把施工对象在竖向上划分为若干个作业层，称为施工层。

施工段划分的原则：①各施工段上的劳动量应大致相等（误差 10%～15%）；②施工段界线与结构自然界线（如变形缝、沉降缝等）尽量吻合；③施工段的面积或长度要大于最小工作面的要求；④施工段数（m）要适中，不宜过多，否则会使工期过长。

施工层的划分取决于施工方法，如砌筑工程的施工层高度为一次可砌高度或一步架高度，普通砖砌体施工层高度为 1.2～1.5m；而多层装配式结构吊装工程的施工层高度为柱的高度。

当对象既分施工层又分施工段时，同一施工段上不同施工层之间存在依赖关系，对象不独立，不具备流水施工的条件，因此组织流水施工时需附加一定条件：即施工段数要大于等于施工过程数，其理由如下：

设某工程的施工过程为支模→扎筋→浇混凝土，$n=3$；两个施工层，即施工层数 $l=2$；该工程在平面上分别划分为 2、3、4 个施工段（即 $m=2$、$m=3$、$m=4$）时，施工进度图如图 8-2 所示。

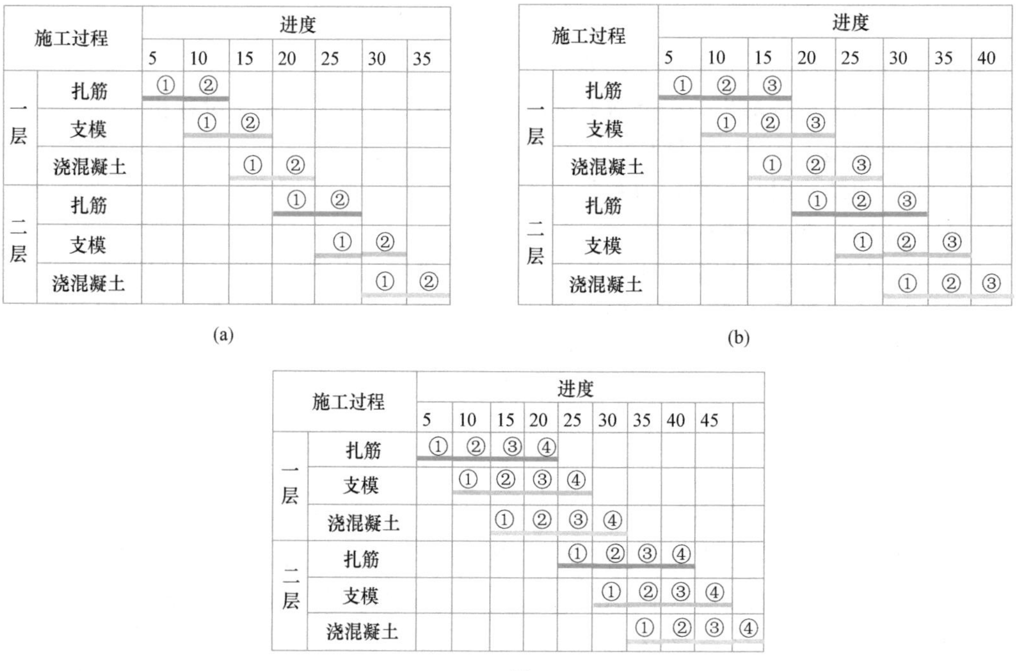

施工过程		进度						
		5	10	15	20	25	30	35
一层	扎筋	①	②					
	支模		①	②				
	浇混凝土			①	②			
二层	扎筋				①	②		
	支模					①	②	
	浇混凝土						①	②

(a)

施工过程		进度							
		5	10	15	20	25	30	35	40
一层	扎筋	①	②	③					
	支模		①	②	③				
	浇混凝土			①	②	③			
二层	扎筋				①	②	③		
	支模					①	②	③	
	浇混凝土						①	②	③

(b)

施工过程		进度								
		5	10	15	20	25	30	35	40	45
一层	扎筋	①	②	③	④					
	支模		①	②	③	④				
	浇混凝土			①	②	③	④			
二层	扎筋					①	②	③	④	
	支模						①	②	③	④
	浇混凝土							①	②	③	④

(c)

图 8-2 划分成不同施工段数时的施工进度

(a) $m=2$；(b) $m=3$；(c) $m=4$

由图 8-2 可知：

(1) 当 $m<n$ 时，工作队不连续，窝工，但施工段上无间歇；

(2) 当 $m=n$ 时，工作队连续施工，施工段上无间歇；

(3) 当 $m>n$ 时，工作队连续施工，施工段上有间歇。

综上所述，流水施工要确保施工队连续施工、不窝工，必须 $m \geq n$；若有的施工过程由多个施工队承担，总工作队数为 $\sum b$，则 m 应满足 $m>\sum b$。

8.2.3 流水节拍

流水节拍是指专业工作队（组）在一个施工段上的施工持续时间。流水节拍有两种确定方法：一种是根据工期反算；另一种是根据施工段的工程量和现有能够投入的资源量（劳动力、机械台数）来确定，即：

$$t=\frac{Q}{SRN}=\frac{P}{RN} \tag{8-1}$$

式中 Q——工作队在施工段上的工程量；

P——工作队在施工段上需要的劳动量（工日数）或机械量（台班数）；

S——每工日或每台班的计划产量；

R——施工队的人数或机械台数；

N——每天工作班数。

一个工程在组织流水施工时，一共应当有 $m \times n \times l$ 个节拍。

8.2.4 流水步距

流水步距（K）是指相邻两个专业工作队先后进入流水施工的时间间隔，也就是在同一个施工段上，后一个施工队必须在前一个施工队开始工作 K 天后才能开始施工。流水步距数取决于参加流水的施工队数，如施工队数为 n，则流水步距数为 $n-1$ 个，如图 8-3 所示。

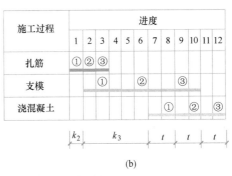

图 8-3　流水步距和流水节拍的概念与特征

(a) 全等节拍；(b) 成倍节拍

8.3　流水施工的组织形式

流水施工可用上节中的参数来表示，参数的不同决定了流水施工的组织形式的不同。根据流水节拍的特征，流水施工的组织形式可分为节奏性专业流水和非节奏性专业流水。

8.3.1 节奏性专业流水

其特征为同一施工队在不同施工段上的流水节拍相等，如图 8-3 所示。根据不同施工队流水节拍之间的关系，节奏性专业流水又可分成好多种形式，常用的有全等固定节拍专业流水（图 8-3a）和成倍节拍专业流水（图 8-3b）。

8.3.1.1 全等固定节拍专业流水

如图 8-3（a）所示，其特点是不仅同一施工队的节拍相等，而且不同施工队的节拍也相等。全等固定节拍流水施工的总工期为：

$$T=(m+n-1)t \tag{8-2}$$

当然，若在多层施工及施工有间歇或搭接时，该公式要有所变化，应相应地加上间歇时间、减去搭接时间。

8.3.1.2 成倍节拍专业流水

（1）一般成倍节拍专业流水

不同施工队的流水节拍互成倍数关系。如图 8-3（b）所示，$t_1=1$，$t_2=3$，$t_3=2$，即 $t_2=3t_1$，$t_3=2t_1$。

一般成倍节拍专业流水施工的总工期为：

$$T_p = \sum_{i=2}^{n} K_i + T_n \qquad\qquad (8\text{-}3)$$

式中　K_i——第 i 个施工过程（或施工队）与第 $i-1$ 个施工过程（或施工队）间的流水步距；

　　　T_n——第 n 个施工过程（或施工队）在所有施工段上施工持续时间之和。

图 8-3（b）的总工期为 12d。

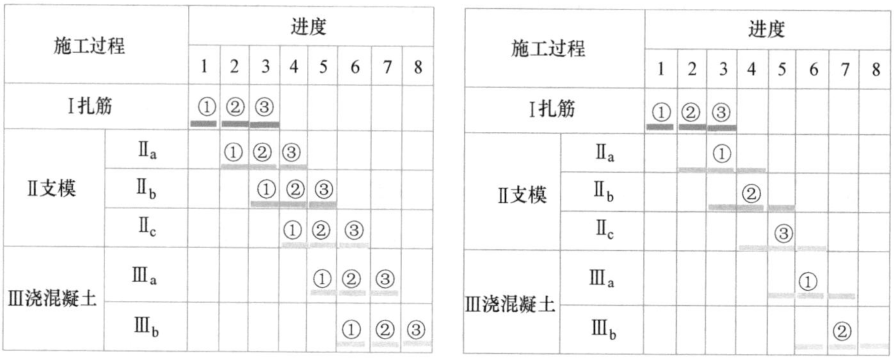

图 8-4　加快成倍节拍专业流水

（2）加快成倍节拍专业流水

如图 8-3（b）所示，由于一般成倍节拍流水施工的总工期长，因此对节拍长的施工过程（或施工队）可通过增加施工队数来缩短节拍，进而缩短工期，这种组织流水施工方法称为加快成倍节拍流水。

增加施工队数按下列办法：求出各施工过程流水节拍的最大公约数 k_0，各施工过程相应安排 $N_i = t_i/k_0$ 个工作队，则各施工过程要增加的施工队数为 N_i-1；这时各工作队之间流水步距和流水节拍为 $k_i = t_i = k_0$，总工作队数为 $\sum b = \sum N_i$（注意：多层施工增加施工队数后要检查 m 和 $\sum b$ 的关系，确保 $m \geqslant \sum b$），总工期为 $T = (m + \sum b - 1) \cdot k_0$。

图 8-3（b）所示工程，若采用加快成倍节拍专业流水施工则如图 8-4 所示，显然 $k_0=1$，$N_1=1$，$N_2=3$，$N_3=2$，总施工队数 $\sum b=6$，总工期 $T=8d$，比一般成倍节拍专业流水工期缩短了 4d。需要提醒的是，图 8-4（a）和（b）虽然都采用加快成倍节拍专业流水施工，但显然图 8-4（b）更简单、更符合实际。

【例 8-1】　某工程由三个施工过程组成。它划分为六个施工段，各分项工程在各施工段上的流水节拍依次为：6d、4d 和 2d。为加快流水施工速度，试编制工期最短的流水施工方案。

【解】　根据题设条件，应采用成倍节拍流水组织施工。

（1）划分施工段，由已知条件，$m=6$；

（2）确定流水步距，K_b = 最大公约数{6，4，2} = 2d；

（3）确定专业施工班组数目：

$$b_1 = 6/2 = 3 \text{ 个}; b_2 = 4/2 = 2 \text{ 个}; b_3 = 2/2 = 1 \text{ 个}$$

施工班组总数：$\sum b = 3+2+1 = 6$ 个

（4）确定该工程的工期：

$$T_p=(6+6-1)\times2=22d$$

（5）绘制流水施工进度表，如图 8-5 所示。

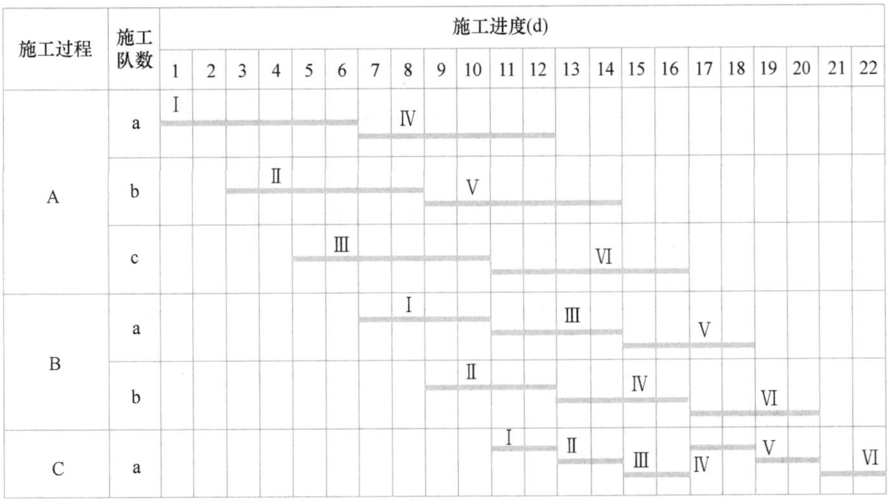

施工过程	施工队数	施工进度(d)																					
		1	2	3	4	5	6	7	8	9	10	11	12	13	14	15	16	17	18	19	20	21	22
A	a	Ⅰ							Ⅳ														
	b			Ⅱ							Ⅴ												
	c					Ⅲ								Ⅵ									
B	a							Ⅰ						Ⅲ				Ⅴ					
	b										Ⅱ					Ⅳ				Ⅵ			
C	a							Ⅰ		Ⅱ		Ⅲ		Ⅳ		Ⅴ						Ⅵ	

注：Ⅰ、Ⅱ、Ⅲ、Ⅳ、Ⅴ、Ⅵ为施工段。

图 8-5　成倍流水施工进度表

8.3.2　非节奏专业流水

非节奏流水施工也称无节奏流水施工，是指参加流水的施工过程在各施工段上的流水节拍不全相等的流水组织形式，也称为分别流水施工，是流水施工的普通形式，有节奏流水是无节奏流水的一个特例。

8.3.2.1　基本特点

（1）每个施工过程在各个施工段上的流水节拍，通常多数不相等；

（2）流水步距与流水节拍之间，存在某种函数关系，流水步距也多数不相等；

（3）每个专业施工班组都能够连续作业，个别施工段可能有空闲；

（4）专业施工班组数目等于施工过程数目。

8.3.2.2　组织方法

（1）确定施工顺序，分解施工过程。

（2）确定工程项目的施工起点流向，划分施工段。

（3）计算每个施工过程在各个施工段上的流水节拍。

（4）计算流水步距；

流水步距的计算一般采用潘特考夫斯基法进行计算。该法是用"节拍累加数列错位相减取其最大差"作为流水步距。其计算步骤如下：

① 根据各施工过程在各施工段上的流水节拍，求累加数列；

② 根据施工顺序，对所求相邻的两累加数列，错位相减；

③ 根据错位相减的结果，确定相邻施工过程之间的流水步距，即相减结果中数值最大者。

（5）确定工期，其计算式为 $T_p=\sum K_i+T_n$。

（6）绘制流水施工进度表。

【例 8-2】 某工程组织流水施工时由 4 个施工过程组成，在平面上划分 4 个施工段，各施工过程的流水节拍如表 8-1 所示，试编制流水施工方案。

某工程施工流水节拍

表 8-1

施工段 流水节拍 施工过程	Ⅰ	Ⅱ	Ⅲ	Ⅳ
A	2	3	2	4
B	3	4	2	4
C	2	2	1	2
D	3	4	3	4

【解】 根据题设条件，流水节拍互不相等，因此应采用无节奏流水组织施工。

(1) 确定流水步距

1) 求出各施工过程流水节拍的累加数列：

A：　2　　　　5　　　　7　　　　11
B：　3　　　　7　　　　9　　　　13
C：　2　　　　4　　　　5　　　　7
D：　3　　　　7　　　　10　　　14

2) 相邻两个施工过程累加数列错位相减：

A、B：

$$
\begin{array}{r}
2 \quad 5 \quad 7 \quad 11 \\
-\quad 3 \quad 7 \quad 9 \quad 13 \\
\hline
2 \quad 2 \quad 0 \quad 2 -13
\end{array}
$$

B、C：

$$
\begin{array}{r}
3 \quad 7 \quad 9 \quad 13 \\
-\quad 2 \quad 4 \quad 5 \quad 7 \\
\hline
3 \quad 5 \quad 5 \quad 8 -7
\end{array}
$$

C、D：

$$
\begin{array}{r}
2 \quad 4 \quad 5 \quad 7 \\
-\quad 3 \quad 7 \quad 10 \quad 14 \\
\hline
2 \quad 1 -2 \quad -3 \quad -14
\end{array}
$$

3) 确定流水步距：

$$K_{A,B}=\max\{2,2,0,2,-13\}=2d$$
$$K_{B,C}=\max\{3,5,5,8,-7\}=8d$$
$$K_{C,D}=\max\{2,1,-2,-3,-14\}=2d$$

(2) 确定工期：

$$T_p=K_{A,B}+K_{B,C}+K_{C,D}+T_n=2+8+2+(3+4+3+4)=26d$$

(3) 绘制流水施工进度表，如图 8-6 所示。

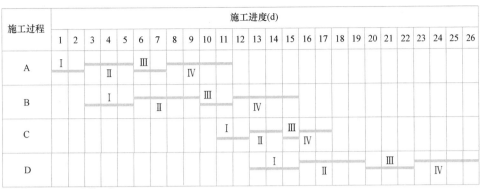

注：I、II、III、IV为施工段。

图 8-6　分别流水施工进度表

思 考 题

8-1　解释如下概念：流水施工、平行施工、依次施工、流水步距、流水节拍、节奏流水、成倍节拍流水、非节奏流水。

8-2　简述流水施工的优点和应用条件。

8-3　施工过程、施工段划分的原则是什么？

8-4　当对象既分施工层又分施工段时，施工段数如何划分？

8-5　施工层是否是结构层？为什么？

8-6　流水施工特征有哪些参数？

8-7　一般成倍节拍流水变为加快成倍节拍流水时，如何增加施工队？

习 题

8-1　已知各施工过程的流水节拍为 $t_1=2d$，$t_2=1.5d$，$t_3=3d$，施工过程数为 3，施工段数为 3，共有 2 个施工层。试组织流水施工、划分施工段、绘制水平和垂直图表。

8-2　如表 8-2 所示，编制该工程流水施工方案。要求做完垫层后，其相应施工段至少有 3d 的养护时间。

习题 8-2　　　　　　　　　　　　　　　　　　　　　　　　　　　　　　表 8-2

分项工程	持续天数(d)					
	①	②	③	④	⑤	⑥
挖土	3	4	3	4	3	3
垫层	2	1	2	1	2	2
基础施工	3	2	2	3	2	2
回填	2	2	1	2	2	2

8-3　有四幢同类型单元组成的住宅建筑，每单元由四个施工过程组成，各施工过程在每单元上的持续时间分别为 $t_1=5d$，$t_2=10d$，$t_3=10d$，$t_4=5d$，若划分四个施工段进行施工，试组织成倍节拍流水作业，计算总工期并绘出流水施工进度表。

9 施 工 组 织

9.1 施工组织概述

9.1.1 施工组织的概念

为把土木工程产品建成，并实现施工的预期目标（工期、成本、质量等），需将工程任务分解，在此基础上，确定各子任务的分工、施工方法、开竣工时间、空间位置和路线等。从而使整个施工过程变随意性为确定性，变无序性为有序性，这类工作总和叫施工组织。

施工组织具体要回答和解决五个方面问题：（1）任务分解（What）；（2）如何施工（How）：即，材料（Material）、方法（Method）、设备（Machine）等；（3）由谁施工（Who）；（4）何时施工（When）；（5）在哪施工（Where）。为方便对施工组织的理解，可参见图 9-1。

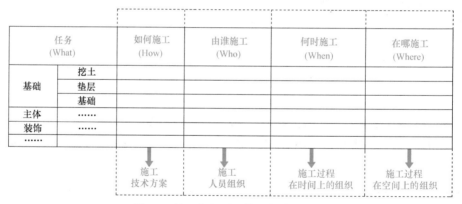

图 9-1 施工组织要回答和解决的问题

9.1.2 施工任务的分解

从工程规模上施工任务由大到小可分为：

（1）建设项目：在一个总体设计范围内，经济上实行独立核算、行政上具有独立的组织形式的建设固定资产的项目，如一座矿山、一所学校、一个小区等。

（2）单项工程：是建设项目的组成部分，具有独立的设计文件，竣工后能独立发挥生产能力或体现投资效益的工程，如一座办公楼、住宅楼等。

（3）单位工程：具有单独设计条件，可以单独组织施工，但完工后不能体现投资效益、发挥独立生产能力的工程，是单项工程的组成部分，如办公楼中的土建工程、设备安装工程等。

（4）分部工程：按单位工程部位划分，如基础工程、墙体工程、装修工程、屋面工程等，是单位工程的组成部分。

（5）分项工程：是分部工程的组成部分，按施工方法、构件规格或材料种类的不同而划分，如基础工程可划分为挖土、垫层、砖基础、防潮层等。

另外，为便于施工组织需将整个施工过程分成施工准备阶段和正式施工阶段，有时为了组织流水施工或平行施工还要进行施工段的划分。

9.1.3 施工组织的任务

在施工任务分解基础上，确定施工技术方案、施工人员组织方案、施工时间组织、施工空间组织等。技术方案为各分部分项工程施工技术（材料、设备、施工流程、技术标准、技术措施等）的综合与集成，它是一个由分到总的过程；施工人员组织是指组织机构和施工队组成与分工；施工时间组织是指施工进度计划；施工空间组织是指施工平面布置。

9.1.4 施工组织的原则

施工组织中确定各种方案，包括采用何种施工工艺、组织形式等，总的说来应遵循有利于施工目标实现的原则。把这一大原则具体化，并考虑到当前施工组织中存在的主要问题，重点应坚持以下原则：

（1）贯彻执行《中华人民共和国建筑法》，坚持建设程序；

（2）合理安排施工程序；

（3）用流水作业法和网络计划技术组织施工；

（4）加强季节性施工措施，确保全年连续施工；

（5）贯彻工厂预制和现场预制相结合的方针，提高建筑工业化程度；

（6）充分发挥机械效能，提高机械化程度；

（7）采用国内外先进的施工技术和科学管理方法；

（8）合理部署施工现场，尽可能减少暂设工程。

9.2 施工组织设计概述

施工组织分两个阶段，施工组织设计阶段和按施工组织设计组织施工阶段（也是施工阶段）。施工组织设计是根据施工的预期目标和施工条件，选择最合理的施工方案，并以此为核心编制的用来全面规划和指导施工的技术经济文件。它的任务是要对具体的拟建工程的施工准备工作和整个施工过程，在人力和物力、时间和空间、技术和经济、计划和组织等各方面做出全面合理的安排，以保证按照预定目标，优质、安全和低耗地完成施工任务。

9.2.1 施工组织设计分类

根据工程规模的大小，施工组织设计分为三类：

（1）施工组织总设计：是以一个建筑群或一个建设项目为编制对象；

（2）单位工程施工组织设计：是以一个单位工程为编制对象；

（3）分部（项）工程施工组织设计：以分部（项）工程为编制对象。

单位工程施工组织设计要以施工组织总设计和企业施工计划为依据，把施工组织总设计具体化；分部（项）工程施工组织设计以施工组织总设计、单位工程施工组织设计和企业施工计划为依据，把单位工程施工组织设计进一步具体化，也叫分部（项）工程作业计划。

9.2.2 施工组织设计的内容及编制步骤

施工组织设计按以下内容和步骤进行编制：

（1）施工项目的工程概况；

（2）施工部署或施工方案；

（3）施工进度计划；

（4）各种资源需要量计划；

（5）施工准备工作计划；

（6）施工现场平面布置图；

（7）质量、安全、工期、节约、文明施工等技术和组织上的保证措施；

（8）各项主要技术经济指标。

9.2.3 施工组织设计的实施

施工组织设计在实施过程中应注意以下问题：

（1）贯彻：通过做好施工组织设计交底、制定各项管理制度、推行技术经济承包制、做好施工准备等手段确保按施工组织设计施工；

（2）检查和调整：施工组织不是一成不变的条文，因此对施工组织设计应本着不唯书不唯上的精神，通过经常性地检查各指标完成情况、平面图合理性，发现问题并分析原因，及时地对施工组织设计进行调整和改进。

9.3 施工准备工作

施工准备是施工组织和施工组织设计的一项重要工作内容，应当给予足够的重视。

9.3.1 施工准备工作的必要性和重要性

把整个施工过程分成施工准备阶段和正式施工阶段也是施工任务分解的一种形式。如前所述，整个工程可以分解成各个子任务，即各个具体的施工工作，而每个施工工作又都可分成施工准备和正式施工两个阶段。施工准备工作的实质就是准备正式施工阶段所需的各施工要素。由于不同施工工作所需施工要素是彼此联系的，例如，水、电、道路、大宗材料等，不是彼此独立的，因此施工准备工作也要整体考虑。

另一方面，每个施工工作的要素具有多样性，各要素准备工作量有大有小，准备时间有长有短，而施工的工期又是有限的。因此，有必要把那些工作量大、时间长、需要整体考虑的施工要素事先集中一段时间进行准备，从而简化施工过程中的准备工作量，确保施工的均衡和连续并保证工期；而且在编制施工组织设计时可以首先集中精力考虑正式施工阶段的施工方案，然后根据施工方案再来集中考虑施工准备工作的安排。

实践证明，凡是施工准备工作做的充分，施工就会顺利；反之，就会给施工带来麻烦和损失，甚至带来灾难性的后果。

9.3.2 施工准备工作的分类

按施工准备工作的范围分为全场性施工准备、单位工程施工条件准备和分部（项）工程作业条件准备三种。

（1）全场性施工准备：以整个工地为对象进行的施工准备，为全场性施工服务。

（2）单位工程施工条件准备：以一个建筑物或构筑物为对象的施工准备，为单位工程施工服务。

（3）分部（项）工程作业条件准备：以一个分部（项）工程为对象的施工准备，为分部（项）工程服务。

按工程所处的施工阶段分为开工前的施工准备、各施工阶段前的施工准备以及施工过程中各施工工作的施工准备三种。

（1）开工前的准备：为开工创造条件，它一般是全场性的施工准备。

（2）各施工阶段前的施工准备：工程开工后，每个施工阶段正式开工前所进行的施工准备，如主体施工前、装饰施工前的施工准备等。

（3）施工过程中各施工工作的施工准备：对各项具体施工任务进行的施工准备，它贯穿于整个施工过程，主要根据施工资源计划进行准备。

9.3.3 施工准备工作的内容

主要介绍开工前或各施工阶段开工前的施工准备的内容。

（1）技术准备

①熟悉与审查施工图纸；②原始资料的调查；③编制施工组织设计；④编制施工图预算和施工预算；⑤对新技术、新材料进行试验、检验、鉴定。

（2）物资准备

①建筑材料的准备；②构（配）件、制品的准备；③施工机具、设备的准备。

（3）劳动组织准备

①建立工地劳动组织的领导机构；②建立施工队组并组织劳动力进场；③向施工队、工人进行施工组织设计交底；④建立、健全各种管理制度。

（4）施工现场准备

①场区施工测量并建立场区工程测量控制网；②施工现场的补充勘探；③"三通一平"，即通路、通水、通电和平整场地；④按照施工要求的临时设施和平面布置图，搭设临时设施；⑤组织物资进场；⑥冬、雨期施工设施。

按上述内容编制施工准备工作计划，并按计划及相应工作程序进行准备。满足计划的要求后，要及时填写开工申请报告，报主管部门，等待审批。

9.4 单位工程施工组织设计

9.4.1 单位工程施工组织设计的编制依据

单位工程施工组织设计编制依据如下：

（1）施工组织总设计规定的各项指标；

（2）建设单位（业主）的要求，包括开竣工日期、质量等级，以及其他一些特殊要求；

（3）地质与气象资料；

（4）劳动力、施工机械、材料、预制构件、半成品、水、电的供应条件；

（5）建设单位可提供的临时设施等；

（6）各种规范；

（7）经过会审的施工图纸、工程预算文件；

（8）建筑企业年度施工计划；

（9）类似工程的施工经验资料。

9.4.2　单位工程施工组织设计编制程序

单位工程施工组织设计的编制程序如图 9-2 所示。

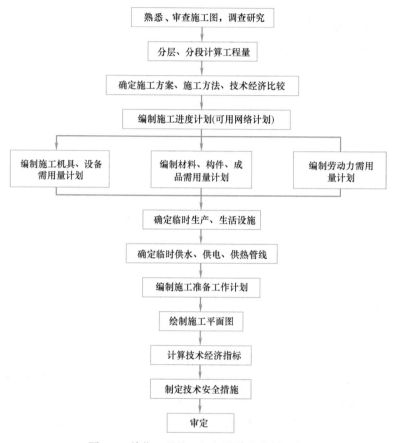

图 9-2　单位工程施工组织设计的编制程序

9.4.3　单位工程施工组织设计的具体内容和编制方法

这里以建筑工程为例介绍单位工程施工组织设计的具体内容和编制方法。

9.4.3.1　工程概况

对施工条件和拟建工程做言简意赅的文字说明，同时附有拟建工程的平面、立面、剖面图。其内容主要有以下几点：

（1）说明拟建工程的建设单位、建设地点、开竣工日期及工期、工程性质、用途和规模；工程造价；施工单位、设计单位；

（2）建筑设计要说明拟建工程的平面形状、长、宽、总高、层数、建筑面积；屋面防水做法；内外装饰工程的做法；楼地面做法；门窗材料；消防、空调、环保的设计内容；

（3）结构设计要说明基础构造和埋深；结构体系、类型及材料；

（4）施工条件要说明材料和预制构件的供应情况；施工机械和机具的供应情况；劳动力的供应；现场临时设施的解决方法、现场的地质地貌、"三通一平"等情况。

9.4.3.2 施工方案

施工方案的拟定是单位工程施工组织设计的核心内容，其内容包括：确定施工程序；划分施工段，确定施工起点流向；确定施工顺序；选择施工方法和施工机械等。在制定施工方案时，通常要按上述内容确定几个施工方案，然后进行技术经济分析、比较，确定最终的施工方案。

（1）确定施工程序

施工程序是指一个单位工程中分部工程客观次序，是建筑施工客观规律的反映。

建筑工程主要分部工程划分方法如下：

① 砖混结构：主体工程、基础工程、屋面工程。

② 单层工业厂房：基础工程、预制工程和吊装工程。

③ 多层框架：基础工程和主体框架。

1）一般应遵守"先地下、后地上"，"先土建、后设备"，"先主体、后围护"，"先结构、后装修"的基本原则，结合工程的具体情况，确定各分部工程之间的先后次序。

①"先地下、后地上"是指在地上工程开始之前，尽量把管道、线路等地下设施和土方工程做好或基本完成，这样既可以为后续工程提供良好的施工场地，避免造成重复施工和影响施工质量，又可以避免对地上部分施工产生干扰。

②"先土建、后设备"是指不论是工业建筑还是民用建筑，通常先进行土建工程的施工，再进行水、暖、电、燃气、卫生洁具等建筑设备的施工。

③"先主体、后围护"主要指框架结构。应注意在总的程序上有合理的搭接。一般来说，多层民用建筑工程结构与装修以不搭接为宜，而高层建筑则应尽量搭接施工，以有效地节约时间。

④"先结构、后装修"是指首先施工主体结构，再装修工程的施工。但对于工期要求较短的建筑工程，为了缩短工期，也可部分搭接施工，如有些临街建筑往往是上部主体结构施工时，下部一层或数层即先进行装修并开门营业，可以加快进度、提高效益。再如一些多层或高层建筑在进行一定层数的主体结构施工后，穿插搭接部分的室内装修施工，以缩短建设周期，加快施工进度。

2）合理安排土建施工与设备安装的施工程序。工业建筑除了土建施工及水、电、暖、燃气、卫生洁具、通信等建筑设备以外，还有工业管道和工艺设备等生产设备的安装，为了早日竣工投产，不仅要加快土建施工速度，而且应根据厂房的工艺特点、设备的性质、设备的安装方法等因素，合理安排土建施工与设备安装之间的施工程序，确保施工进度计划的实现。通常情况下，土建施工与设备安装可采取以下三种施工程序：

① 封闭式施工。即土建主体结构（或装饰装修工程）完成后，再进行设备安装的施工程序，适用于一般机械加工类或安装设备较简单的厂房。

封闭式施工的优点是：土建施工时，工作面不受影响，有利于构件就地预制、拼装和安装，起重机械路线选择自由度大；设备基础能在室内施工，不受气候影响；厂房的吊车可为设备基础施工及设备安装运输服务。

封闭式施工的缺点是：部分柱基回填土要重新挖填，运输道路要重新铺设，出现重复劳动；设备基础基坑挖土难以利用机械操作；如土质不佳时，设备基础挖土可能影响柱基稳定，需要增加加固措施，增加成本；不能提前为设备安装提供工作面；土建与机械设备安装依次作业，工期较长。

② 敞开式施工。即先施工设备基础，进行设备安装，后建厂房的施工程序，适用于重型工业厂房，如电站、冶金厂房、水泥厂的主车间等。

敞开式施工的优缺点与封闭式施工相反。

③ 平行式施工。即土建施工与设备安装穿插进行或同时进行的施工程序。当土建施工为设备安装创造了必要的条件，且土建结构全封闭之后，设备无法就位，此时需土建与设备穿插进行施工。适用于多层的现浇结构厂房（如大型空调机房、火电厂输煤系统车间等）。在土建结构施工期间，同时进行设备安装施工，适用于钢结构和预制混凝土构件厂房。

（2）划分施工段，确定施工起点流向

施工段的划分，可参考 8.2.2 小节。

施工技术比较复杂、施工难度大或者采用新技术、新工艺、新材料的分部工程以及专业性很强的特殊结构、特殊工程要单列。

施工起点流向是单位工程在平面上和竖向上施工开始的部位和进展方向，主要解决施工项目在空间上的施工顺序是否合理的问题。

对于单层建筑物（如单层工业厂房等），只需按其车间、施工段或节间，分区分段地确定其平面上的施工起点流向；对于多层建筑物，除了确定其每层平面上的施工起点流向外，还需确定其层间或单元空间竖向上的施工起点流向，如多层房屋的内墙抹灰施工可采取自上而下或自下而上进行。

施工起点流向的确定，影响到一系列施工过程的开展和进程，是组织施工的重要一环，一般应综合考虑以下几个因素：

① 单位工程的生产工艺流程是确定工业建筑施工起点流向的关键因素；

② 建设单位对单位工程投产或交付使用的工期要求；

③ 单位工程各部分复杂程度及施工过程之间的相互关系。一般应从复杂部分开始；

④ 单位工程高低层或高低跨并列时，应从高低层或高低跨并列处开始分别施工；

⑤ 单位工程如果基础深度不同时，应按先深后浅的顺序施工；

⑥ 分部分项工程的特点和相互关系。在流水施工中，施工起点流向决定了各施工段的施工顺序。因此，在确定施工起点流向的同时，应将施工段划分并进行编号。

（3）确定施工顺序

施工顺序是指分项工程或工序之间的施工先后次序，它的确定既是为了按照客观的施工规律组织施工，也是为了解决工种之间在时间上的搭接问题，在保证质量与安全施工的前提下，以期达到充分利用空间、争取实现降低工程成本、缩短工期的目的。

一般，各分项工程之间的顺序如下：

1）基础工程：挖地槽→混凝土垫层→砖基础→地圈梁→回填土。如有柱基础，在挖地槽前，进行桩基础工程施工。如有地下室，则应包括地下室结构、防水等施工过程。

2）主体工程：多层砖混结构房屋主体工程的主导工程是：砌墙、安楼板、搭设脚手架、安门窗框、安门窗过梁、浇筑圈梁和现浇平板、楼梯等施工过程。另外要考虑每栋房屋要划分 2～3 个施工段，尽量组织流水施工，使主导工程能连续施工；现浇结构包括柱扎筋、柱支模、柱浇混凝土，梁板扎筋、梁板支模、梁板浇混凝土等，同时考虑施工段的划分。

3) 室内、外装饰之间顺序：一般为先室外、后室内，其优点是免受天气影响、保证施工工期；保证室内装饰的质量，加快脚手架的周转使用；特殊情况也可以先室内、后室外，例如，高层建筑施工时，室内粗装修，可以与主体工程间隔一到二层同时施工。

4) 室外装饰的施工顺序：一般为自上而下施工，同时拆除脚手架。

5) 室内抹灰的施工顺序：以一个或几个房间抹灰（独立施工单元）为一个分项工程时，各分项工程之间顺序为：自上而下；自下而上；水平自中而下再自上而中。自上而下的施工顺序是在主体工程封顶后做好屋面防水层，由顶层开始逐层向下施工。其优点是主体结构完成后，建筑物有一定的沉降时间，且室内抹灰的施工质量容易保证，因为屋面防水已做好，可防止雨水渗漏。另外，交叉工序少，工序之间相互影响小，便于组织施工和管理，有利于施工安全。其缺点是因为不能与主体工程搭接施工，故工期较长。该施工顺序常用于多层建筑的施工。自下而上的施工顺序是指与主体结构间隔一到二层，平行施工，所占工期较短。其缺点是交叉工序多，不利于组织施工、管理及安全。上层施工用水，容易渗漏到下层的抹灰上，室内抹灰的质量不容易保证。该施工顺序通常用于高层、超高层建筑或工期紧张的工程。自中而下再自上而中的施工顺序是指在主体结构进行到一半时，主体结构继续向上施工，而室内抹灰则向下施工。该顺序使抹灰工程距离主体结构施工的工作面越来越远，相互之间的影响减小，抹灰质量能够得到保证，同时也缩短了工期。该施工顺序常用于层数较多的工程。

6) 同一施工单元内顶棚、墙面、地面三个分项工程之间的顺序：地面→顶棚→墙面，其优点是室内清理简便，有利于收集顶棚、墙面的落地灰，节省材料。缺点是地面施工完成以后，需要一定的养护时间，才能再施工顶棚、墙面，工期拖长了，而且地面需要保护。顶棚→墙面→地面，其优点是工期缩短。但施工时，如落地灰未清理干净会影响地面抹灰与基层的黏结，造成地面起拱。

7) 门窗扇、油漆、玻璃之间顺序：这三项工程一般在室内抹灰全部完成以后进行，它们之间的顺序一般为安装门窗扇→刷油漆→安装玻璃。

8) 某砖混结构各分项工程之间施工顺序如图 9-3 所示。

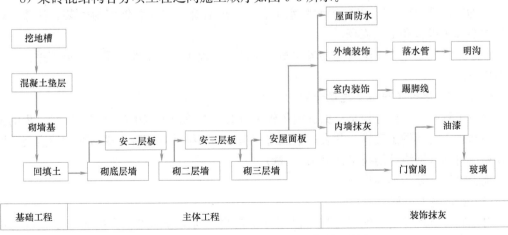

图 9-3　某砖混结构各分项工程之间施工顺序

（4）选择施工方法和施工机械

施工方法是指在单位工程施工中各分部分项工程的施工手段和施工工艺，属于单位工程施工方案中的施工技术问题。施工方法在施工方案中具有决定性的作用，施工方法一经确定，则施工机具设备、施工组织管理等各方面，都要围绕选定的施工方法进行安排。

垂直运输机械的选择是一项重要内容，它直接影响工程的施工进度，一般根据标准层垂直运输量（如砖、砂浆、模板、钢筋、混凝土、预制件、门窗、水电材料、装饰材料、脚手架等）来编制垂直运输量表，然后据此选择垂直运输方式和机械数量，再确定水平运输方式和机械数量。

施工方法和施工机械的选择在很大程度上受结构形式和建筑特征的制约。结构选型和施工方案是不可分割的，一些大型工程，往往在结构设计阶段就要考虑施工方法，并根据施工方法确定结构计算模式。

拟定施工方法时，应着重考虑影响整个单位工程施工的分部分项工程的施工方法，并应对关键技术路线上的分部分项工程予以重点考虑，而对于常规做法的分项工程则不必详细拟定。

在选择施工机械时，应首先选择主导工程的施工机械，然后根据建筑特点及材料、构件种类配备辅助机械，最后确定与施工机械相配套的专用工具设备。

各分部工程需重点确定的施工方法有：

1）基础工程：确定土方的开挖方法、施工机械的选择、放坡或护坡的方法、地下水的处理、冬雨期施工措施、土方调配、基础工程的施工方法等。桩基础施工方法（挖孔、钻孔、爆扩、沉管）及设备。

2）主体工程：水平运输方法、垂直运输方法（井架、塔吊、自行杆式起重机）；脚手架类型和搭设方法；块体砌筑施工工艺；构件吊装重点确定起重机械类型、构件吊装工艺；混凝土工程重点确定模板类型和支撑方法，钢筋加工、运输、安装方法，混凝土的浇筑、振捣方法及施工要点，混凝土的质量保证措施和质量评定方法；涉及特殊条件混凝土施工还要拟定特殊条件混凝土施工措施，如冬期、雨期施工措施，大体积混凝土施工措施，水下混凝土施工措施等；预应力构件确定先张法还是后张法，以及张拉顺序、张拉程序、张拉设备。

3）防水与装饰工程：确定屋面防水工程、室外装饰、室内装饰门窗安装、油漆、玻璃的主要施工设备和工艺流程。

注意：在确定施工方法时还要考虑施工条件、工程规模、工期、质量要求等进行多方案的比较。

9.4.3.3　单位工程施工进度计划

单位工程施工进度计划是根据选定的施工方案，对单位工程中各分部（项）工程的施工顺序和施工时间做出安排。其表达形式有横道图和网络计划两种，横道图比较直观，网络计划更科学（网络计划技术详见第 10 章）。

施工进度计划的编制步骤如下：

（1）确定施工过程

对控制性进度计划，施工过程可以划分得粗些，列出分部工程中的主导工程就可以了。对实施性进度计划，施工过程划分必须详细而具体，除要列出各分部工程外，还应列出分项工程：如现浇混凝土工程，在划分为柱的浇筑、梁板的浇筑等项目后，还要分别将其分为支模、扎筋、浇混凝土、养护、拆模等项目。工程项目的划分还要根据具体的施工条件、施工方法，同时为了重点突出，将某些施工过程合并在一起。对于一些次要的、零星的施工过程，可合并为"其他工程"单独列项，在计算劳动量时综合考虑。

（2）计算工程量

工程量的计算应严格按照施工图和工程量计算规则进行。条件允许时，可直接利用预算文件中有关的工程量，若与某些项目不一致，可根据实际情况进行调整或补充，必要时重新计算。计算时要注意计量单位应与施工定额的计量单位一致，计算内容与施工方法相适应。

（3）确定劳动量（工日数）或机械台班数

各项目的工日数或机械台班数为：

$$P = \frac{Q}{S} \quad 或 \quad P = QZ \tag{9-1}$$

式中　P——劳动量（工日）或机械台班数（台班）；

　　　Q——工程量；

　　　S——产量定额；

　　　Z——时间定额。注意：劳动定额或机械定额的取值，应根据实际水平确定。

（4）确定各施工过程的工作天数

根据劳动力人数或机械台数 R 和每天工作班次 b 计算单位工程各施工过程的工作天数 t：

$$t = P/Rb \tag{9-2}$$

式中　P——完成某工作需要的劳动量或机械台班数；

　　　R——每天的劳动力出勤人数或机械台数，R 应满足大于最小工作组合要求的最少人数或机械台数，同时也要小于工作面所能容纳的最多人数或机械台数；

　　　b——每天的工作班数，一般采用一班制，只有在特殊情况下才可采用二班制或三班制。

各分项工程的工作天数也可先由工期倒推，然后再计算完成该工作所需的劳动力人数或机械台数：

$$R = P/tb \tag{9-3}$$

（5）安排施工进度计划

进度计划包括两方面内容：各分部分项工程的施工天数以及它们之间的施工顺序。在安排施工进度计划时应分清主次，优先确定主导施工过程的进度，其他施工过程配合主导过程。尽可能地组织流水施工，但将整个单位工程一起安排流水施工是不可能的，可以分两步进行：先将单位工程分成若干分部工程（如建筑工程可分成基础、主体、装饰等），分别确定各分部工程的流水施工进度计划；再将各分部工程的进度计划相互协调、搭接起来，组成总的单位工程施工进度计划。

单位工程施工进度计划实例，如图 9-4 所示。

编号	工程名称	量度单位	工程数量	产量定额规定值采用值	劳动力总需要量(工日或台班)	每天出勤人数	工程延续天数	机械名称	工程进度(d)
1	准备工作								
2	人工开挖基槽	m³	600	6.1	96	16	6		
3	碎砖三合土垫层	m³	90	1.2	84	14	6		
4	砌筑砖基础	m³	99	1.36	72	12	6		
5	墙基回填土	m³	402	5.5	72	12	6		
6	砌四层砖墙和安装门窗框	m³/块	707/324	1.15/1.30	600/24	25/1	24/24		
7	楼板及楼梯安装	块	1569	5.49	336	14	24		
8	楼板灌缝	m³	2480	21.0	120	5	24		
9	木隔墙安装	m³	1190	12.4	96	4	24		
10	门扇安装和窗扇安装	扇	291/186	4.8/10.0	72	3	24		
11	吊顶棚平顶	m³	472	15.0	48	2	24		
12	屋顶等现浇混凝土	m³	19.5	0.6	30	5	6		
13	抹屋顶防水层	m³	650	13.0	48	8	6		
14	外墙抹灰	m³	1650	8.2	180	5	36		
15	顶棚平顶抹灰	m³	1860	11.4	216	6	36		
16	内墙抹灰	m³	5225	13.8	468	13	36		
17	水泥粉地坪	m³	440	1.78	36	1	36		
18	木企口地板安装	m³	1175	8.22	648	18	36		
19	门窗油漆	m³	515		72	2	36		
20	电气安装	2%			92	2	46		
21	卫生设备安装	5%			156	4	39		
22	其他	15%			5.16	6	86		

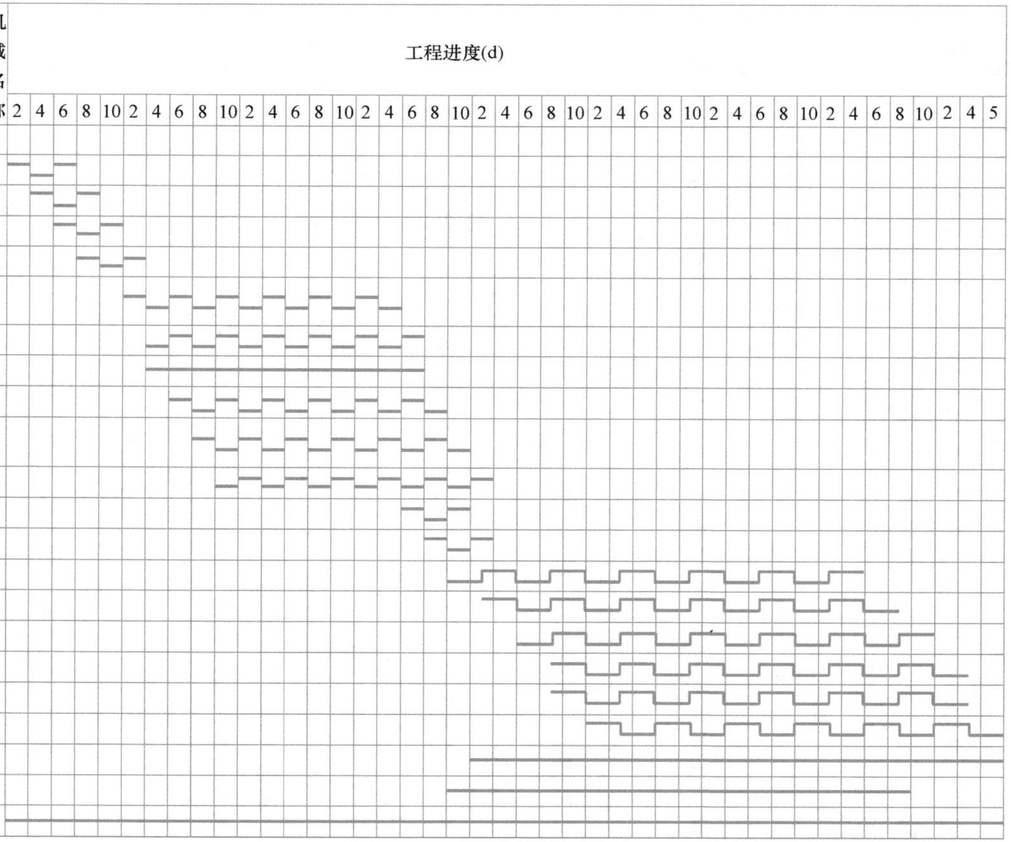

图9-4 某单位工程施工进度计划

（6）施工进度计划的检查与调整

检查内容包括：1）各分部分项工程的施工顺序、施工时间和单位工程的工期是否合理；2）劳动力、材料、机械设备的供应能否满足且是否均衡；3）进度计划在绘制过程中是否有错误。

调整方法：1）调整各施工过程的工作天数；2）调整各施工过程的搭接关系；3）有时甚至要改变某些施工过程的施工方法。

9.4.3.4 资源需要量计划

资源需要量计划包括设备（机具）计划、材料计划、劳动计划、预制构件计划。资源需要量计划编制方法很简单，即根据单位工程施工进度计划及各分部分项工程对劳动力、材料、成品、半成品、机械等资源的不同需要量，累计各时间段内各资源的需要量，即可得到与施工进度相应的资源需要量计划。

9.4.3.5 单位工程施工平面图

单位工程施工平面图是施工方案在施工现场空间上的具体反映，是施工过程在空间上的组织。施工平面图比例一般为 1：200～1：500。

（1）单位工程施工平面图设计的基本原则

①尽可能减少施工用地，平面布置要力求紧凑；②尽可能利用施工现场或附近的原有建筑物和管线，以减少新建临时设施和临时管线，降低施工费用；③材料、构件的堆放应尽可能靠近使用地点和垂直运输机械的位置，尽可能地缩短场内运输；④场内材料、构件的二次搬运越少越好，最好没有；⑤各种材料、构件进场要有计划、分批次，使施工场地得到充分利用；⑥临时设施要进行功能分区，彼此间的位置，要方便工人的生产、生活，如：办公室应靠近施工现场，生活福利设施最好能与施工区分开；⑦施工平面布置要符合劳动保护、技术安全和消防的要求，例如易燃易爆品应远离锅炉房等；⑧应多设计多个施工平面布置方案，以便进行施工平面图方案比较，比较指标包括施工用地面积、临时道路和管线长度、临时设施的面积和费用等，然后择优采用。

（2）单位工程施工平面图的内容和设计步骤

单位工程施工平面图设计的步骤如图 9-5 所示。

1）确定垂直运输机械的位置

垂直运输机械是施工的咽喉，它的位置直接影响搅拌站、材料堆场、仓库的位置及场内运输道路和水电管网的布置，因此必须首先确定。

① 固定式垂直运输机械（井架、龙门架、固定式塔吊等）的布置

总的原则是充分发挥起重机械的能力，并使地面和楼面的运输距离最小；确定依据为机械的运输能力和性能、建筑物的平面形状和大小、施工段的划分、材料的来向和已有运输道路。具体布置方法如下：当建筑物各部位的高度相同时，布置在施工段的分界处；当建筑物各部位的高度不相同时，布置在高低分界处，从而使楼面上各施工段水平运输互不干扰；井架、龙门架最好布置在有窗口的地方，以避免墙体留槎，减少井架拆除后的修补工作；井架的卷扬机不应距离起重机过近，以便司机的视线能够看到整个升降过程；点式高层建筑，可选用附着式或自升式塔吊，布置在建筑物的中间或转角处。

② 有轨式起重机械的布置

总的原则是尽量使起重机的工作幅度能够将材料和构件直接运至建筑物的任何地点，

尽量避免出现"死角"，并在满足施工的前提下，争取轨道长度最短。确定依据是建筑物的平面形状、尺寸和周围场地的条件。具体布置时，起重机轨道通常在建筑物的一侧或两侧，必要时还需增加转弯设备；如出现死角，可加井架解决。

③ 外用施工电梯的布置

外用施工电梯又称人货两用电梯，是一种安装在建筑物外部，施工期间用于运送施工人员及建筑材料的垂直提升机械。其布置的位置，应方便人员上下和物料集散、由电梯口至各施工处的平均距离最短、便于安附墙装置等。

④ 混凝土泵

混凝土泵设置处，应场地平整，道路畅通，供料方便，距离浇筑地点近，便于配管，供水供电方便，在混凝土泵作用范围内不得有高压线等。

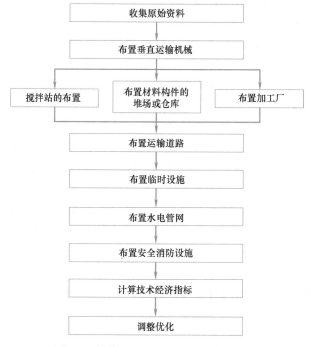

图 9-5　单位工程施工平面图设计的步骤

2）确定搅拌站、加工棚、材料、构件、半成品的堆场及仓库的位置

① 搅拌站布置：将搅拌机布置在混凝土使用地点或起重机械附近；搅拌机的位置要靠近场地运输道路，且与场外运输道路相连，以保证大量的混凝土材料顺利进场。

② 材料、构件的堆场位置：建筑物基础和第一层施工所用材料，应该布置在建筑物周围，并与基槽（坑）边缘保持一定的安全距离，以免造成土壁塌方事故；第二层以上直接由垂直运输机械运输的施工材料，应布置在垂直运输机械附近；砂、石等需要搅拌后运输的材料，尽量布置在搅拌机的周围；确定多种材料同时布置时的主次安排时，使大宗的、重量大的和先期使用的材料，距离使用地点或起重机近一些，少量的、重量轻的和后期使用的材料，距离使用地点或起重机远一些。

注意材料不是同时进场，而是分阶段进场。不同施工阶段，在同一位置上可先后布置不同材料。例如：砖混结构基础施工阶段，建筑物周围可堆放毛石，而在主体结构施工阶段，在建筑物周围堆放标准砖。考虑时间上的阶段性可使施工场地得到充分有效的利用，占地面积小。

③ 木工房和钢筋加工车间可布置在建筑物四周较远的地方，且有一定的材料、成品堆放场地。

3）布置运输道路

尽可能利用永久性道路，或先建好永久性现场道路；在有条件的情况下，出入口应分开布置，减少倒车和拐弯次数；道路应能直接到达材料堆场；道路最好围绕建筑物成环形布置；单行道路的宽度一般不小于 3.5m、双行道路宽度不小于 6m。道路两侧一般应结合地形设置排水沟，深度不小于 0.4m，底宽不小于 0.3m。

4）行政、生活、福利用临时设施的位置

单位工程现场临时设施包括办公室、工人宿舍、加工车间、仓库等。布置原则要满足使用方便，并符合消防要求、减少临时设施费用。其布置方法有：将生活区与施工区分开，以免相互干扰；办公室应靠近现场，便于管理；出入口设门卫等。

5）布置水电管网

① 临时给水管网

水源：建筑工地的临时供水管一般由建设单位的干管或自行布置的干管接到用水地点。

管网平面布置：应环绕建筑物布置，使施工现场不留死角，并力求管网总长度最短。

管径与龙头：管径的大小和龙头数目的设置需视工程规模大小通过计算而定。

管网立面布置：管道可埋于地下，也可铺设在地面上，以当时当地的气候条件和使用期限的长短而定。

消防栓：消防栓距离建筑物不应小于 5m，也不应大于 25m，距离路边不大于 2m。

蓄水池或高压水泵：为防止停水，可在建筑物附近设置简单蓄水池，储存一定数量的生产和消防用水，若水压不足，还需设置高压水泵。

② 排水

尽量接通永久性下水道并结合现场地形在建筑物周围设置排泄地面水和地下水的沟渠。

③ 临时供电

作为项目群中的单位工程，其施工用电应在整个工地施工总平面图中一并考虑；独立的单位工程施工，应通过计算施工期间的用电总数，与建设单位协商，决定是否另设变压器；变压器的位置应布置在现场边缘高压线接入处，四周用铁丝网围住，不宜布置在交通要道路口。

单位工程施工平面图实例，如图 9-6 所示。

9.4.3.6 质量、工期、安全、节约、文明保证措施

确保质量、工期、安全、节约和文明是施工追求的目标，这些施工目标的实现离不开科学的施工方案、周密的施工计划、合理的平面布置。但光有这些措施，目标就一定能实现吗？未必！因为在施工过程中还有很多不可预见的因素存在，有时，只要一个因素就足以使施工过程失败，施工目标付之东流。为此做施工组织设计时不能只想着趋利，而忘记了避害，必须对可能出现的问题提前判断，并提出预防和防治措施，确保施工的最后胜

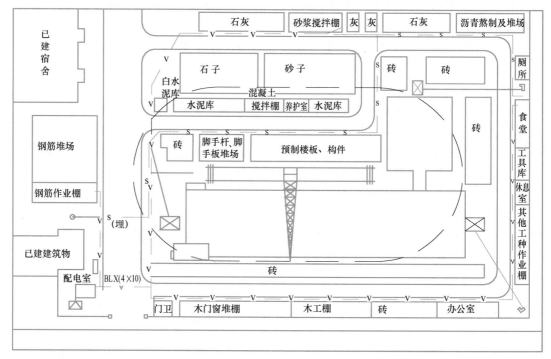

图 9-6　某单位工程施工平面图

利。各项保证措施就是针对可能出现的问题提出来的，它是施工方案、计划、平面布置的必要补充和保证。

各项保证措施一定围绕着施工目标来制定，如质量保证措施、安全保证措施、节约保证措施、工期保证措施等。

措施包括两方面：一是技术措施，二是组织措施。

下面以某单位工程安全、文明施工措施为例，介绍其中部分内容，请大家参考。

（1）成立项目经理为组长、安全员为主、管理层为辅的安全领导小组。各专业作业层设兼职安全员，项目设 2 名专职安全员，形成一个安全管理体系。

（2）认真具体地对作业层进行安全书面交底。工长下生产任务时阐明安全要求，并随时检查，发现问题及时整改。

（3）做好职工安全教育，使施工人员熟知本工种的安全技术规程，并严格执行。

（4）电工、焊工、机操工等特殊工种，必须经过专业训练，持有操作证方可上岗操作。

（5）现场入口悬挂"建筑现场施工纪律"牌，挂好安全宣传牌和安全标志牌。

（6）外脚手架必须使用合格的材料，搭设支撑牢固，并加设安全网。在主楼施工阶段，升降外脚手架用竹笆全封闭施工，并安装防坠装置。

（7）高空作业必须系安全带。材料起吊过程中，塔臂旋转范围内严禁非施工人员通行，吊运材料就位固定后，方能松动钢丝绳。

（8）禁止从高空往下抛掷物件，特别是外脚手架上操作时，要及时清扫，工完场清，以免物体下落。

（9）基坑施工时，基坑周围须搭设防护栏。查清基坑内原有水、燃气管道时切断或堵

184

住水源、气源，严禁施工地点用明火。

（10）兴华路一侧高压线处防护架按设计图设置，并将该方案交供电部门及市容整顿部门审批，批准后方可施工。

（11）施工场区内全部采用混凝土路面，实现硬地法施工。

（12）安排专人负责现场整洁、整理等文明工作。

上述措施中，（6）、（7）、（9）、（10）、（11）为技术措施，其他为组织措施。

其他保证措施，可根据上述思路，参考相关工程和施工规范来制定。这里篇幅所限，不再赘述。

思 考 题

9-1 什么是施工组织？什么是施工组织设计？

9-2 施工组织的任务和设计的内容有哪些？

9-3 区别下列概念：建设项目、单位工程、单项工程、分部工程、分项工程。

9-4 编制单位工程施工组织设计的主要依据有哪些？

9-5 单位工程施工组织设计的内容有哪些？

9-6 确定施工方案需要考虑哪几方面的内容？

9-7 简述单位工程施工进度计划的编制步骤。

9-8 单位工程各分部分项工程的工作日如何计算？劳动定额的确定要考虑哪些问题？

9-9 单位工程施工平面图的内容有哪些？

9-10 单位工程施工平面图的设计步骤有哪些？

9-11 施工组织设计的作用有哪些？

10 网络计划技术

网络计划是用网络图表示各工作开展方向和开工、竣工时间的进度计划。相对用横道图表示计划的方法，网络计划反映的内容更丰富、功能更完善。目前，网络计划是比较盛行的一种现代计划管理的科学方法。

网络计划技术种类很多，本章只研究逻辑关系和工作持续时间都为肯定型的关键线路法网络计划技术（CPM）。

10.1 双代号网络计划

10.1.1 双代号网络图的构成和基本符号

如图 10-1 所示，双代号网络图由工作、节点和线路三个基本要素组成。

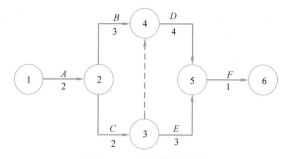

图 10-1 双代号网络图

10.1.1.1 工作

（1）工作　一项工程可分解成若干工作，工作用一根箭线和两个节点（双代号）来表示，箭尾节点表示工作开始，箭头节点表示工作结束。工作名称代号写在箭线上方、工作持续时间写在箭线下方。

（2）虚工作　工作需要消耗资源和时间，可是有时为了正确表达逻辑关系或绘图方便规整，需要引入虚箭线表示虚工作。它只表示相邻前后工作之间的逻辑关系，而本身既不消耗资源也不消耗时间，图 10-1 中③→④为虚工作。

（3）工作关系　图 10-1 中，设 C 为本工作，则 A 为 C 的紧前工作，D、E 为 C 的紧后工作，B 为 C 的平行工作。

10.1.1.2 节点（事件）

节点是相邻两工作的交接点，用圆圈表示，它有双重含义，既表示前一工作的结束又表示后一工作的开始，"一身二任"。它不消耗时间和资源，只是一个状态或一个时刻。网络图只有一个初始节点（如图 10-1 中①）、一个终节点（如图 10-1 中⑥）和若干个中间节点（如图 10-1 中②～⑤）。

10.1.1.3　线路

网络图中从初始节点沿箭线方向，通过一系列箭线和中间节点到达终节点的路径称为线路。线路上所有工作持续时间之和为该线路工期，在有多条线路的网络图中，持续时间最长的线路称为关键线路，位于关键线路上的工作称为关键工作，关键线路可用双箭线或粗实线表示。其他线路为非关键线路，非关键线路上的工作为非关键工作。图 10-1 中 *ABDF* 为关键线路，*ACEF* 为非关键线路。

10.1.2　双代号网络图绘制

10.1.2.1　绘图规则

（1）正确表达逻辑关系；（2）避免循环线路，如图 10-2（a）所示；（3）严禁双向箭头和无箭头，如图 10-2（b）所示；（4）严禁无箭头节点或无箭尾节点，如图 10-2（c）所示；（5）不允许出现节点编号相同的箭线，如图 10-2（d）所示；（6）尽量避免交叉，如图 10-2（e）所示，如避免不了可用过桥法表示；（7）只允许有一个初始节点和一个终节点，如图 10-2（f）所示。

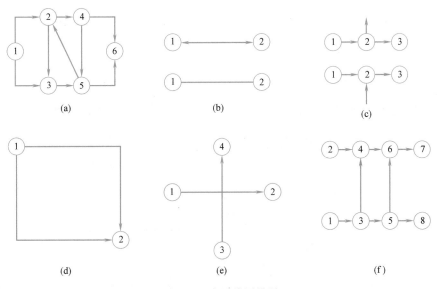

图 10-2　常见绘图错误

10.1.2.2　绘图步骤

（1）把工程任务分解成若干工作，并根据施工工艺和施工组织要求确定各工作的逻辑关系；

（2）列出各工作及各工作的紧前工作；

（3）从无紧前工作的工作开始，依次在各工作之后画出紧前工作为该工作的各工作，在绘制过程中注意虚工序的引入；

（4）对初始绘制网络图进行检查和调整。

【例 10-1】　某基础工程分挖土、混凝土垫层、桩基础三个分项工程，分三个施工段；从一段开始，到三段结束，流水施工。试绘制该基础工程的网络图。

【解】　该基础工程实质分为 9 项工作，其工作名称、代号及关系如表 10-1 所示。

工作名称	挖$_1$	挖$_2$	挖$_3$	垫$_1$	垫$_2$	垫$_3$	基$_1$	基$_2$	基$_3$
代号	A_1	A_2	A_3	B_1	B_2	B_3	C_1	C_2	C_3
紧前工作	—	A_1	A_2	A_1	A_2、B_1	A_3、B_2	B_1	B_2、C_1	C_2、B_3

　　该网络图绘制步骤如图 10-3 所示。要注意第五步绘制的网络图有错误：A_2 成了 C_1 的紧前工作，A_3 成了 C_2 的紧前工作。这是不对的，需要进行调整，如图 10-3 第六步所示。

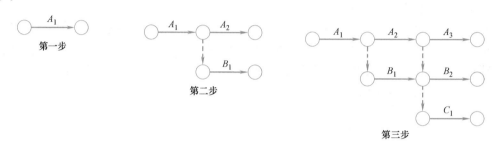

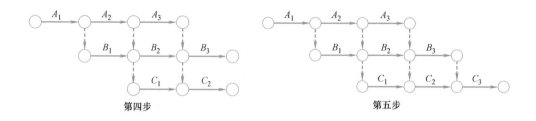

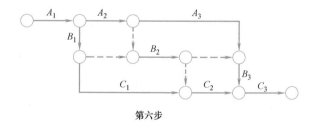

图 10-3　网络图的绘制步骤

10.1.3　双代号网络计划的时间参数计算

　　网络计划时间参数计算的目的是通过计算各节点的时间参数、确定网络计划的关键线路、关键工作、计算工期及各工作时差，从而为网络计划的优化、调整提供科学依据。网络计划时间参数计算方法很多，包括图上计算法、电算法等，各方法原理都相同，只是表达形式不同而已，这里只介绍图上计算法。

　　10.1.3.1　双代号网络图中的时间参数种类

　　（1）各节点的最早时间 ET_i；（2）各节点的最迟时间 LT_i；（3）各工作的最早开始时间 ES_{i-j}；　（4）各工作的最早完成时间 EF_{i-j}；　（5）各工作的最迟开始时间 LS_{i-j}；

(6) 各工作的最迟完成时间 LF_{i-j}；(7) 各工作总时差 TF_{i-j}；(8) 各工作自由时差 FF_{i-j}。

10.1.3.2　各时间参数的计算

(1) 节点计算法

在双代号网络计划节点上进行时间参数计算，计算结果标于节点处。

1) 节点最早时间 ET_j 的计算

ET_j 是指以 j 节点为开始节点的各工作的最早开始时间，按网络图中编号由小到大顺序进行计算，节点 j 前各节点用 i 表示，工作 i-j 的持续时间为 D_{i-j}，则节点 j 的最早时间为：

$$ET_j = \max\{ET_i + D_{i-j}\} \tag{10-1}$$

2) 确定网络计算工期 T_c

令初始节点 $ET_1=0$，则网络终节点的最早时间即为计算工期，即 $T_c=ET_n$（n 为终节点编号）。

3) 节点最迟时间 LT_i 的计算

节点最迟时间是指以 i 节点为完成节点的各工作在保证工期条件下最迟完成时间。设最终节点最迟时间 $LT_n=T_c$（或要求工期），从网络计划的终节点开始，按编号由大到小顺序依次计算各节点的最迟时间，i 节点紧后各节点用 j 表示，则

$$LT_i = \min\{LT_j - D_{i-j}\} \tag{10-2}$$

4) 判断关键节点

凡是 $ET_i=LT_i$ 的节点即为关键节点。关键工作两端节点为关键节点，但关键节点之间的工作不一定是关键工作。

5) 判断关键线路

满足以下三个条件的工作为关键工作：$ET_i=LT_i$，$ET_j=LT_j$，$ET_j-LT_i-D_{i-j}=0$，由关键工作组成的线路为关键线路。

【例 10-2】　某工程用节点计算法计算时间参数并判断关键线路，见图 10-4。

(2) 工作计算法

在双代号网络计划中，根据各工作持续时间进行时间参数计算，计算结果标于箭线处。

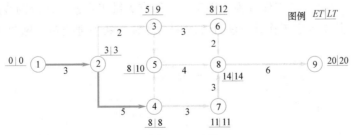

图 10-4　节点计算法

1) 各工作的最早开始时间 ES_{i-j}

ES_{i-j} 是指紧前工作都完成之后，本工作 i-j 最早可能开始的时间。根据节点最早时间的定义，显然

$$ES_{i-j} = ET_i \tag{10-3}$$

2) 各工作的最迟完成时间 LF_{i-j}

189

$LF_{i\text{-}j}$ 是指工作 $i\text{-}j$ 在不影响工程按期完工的前提下，最迟必须完成的时间，根据节点最迟时间的含义，显然

$$LF_{i\text{-}j}=LT_j \tag{10-4}$$

3）各工作的最早完成时间 $EF_{i\text{-}j}$

$$EF_{i\text{-}j}=ES_{i\text{-}j}+D_{i\text{-}j} \tag{10-5}$$

4）各工作的最迟开始时间 $LS_{i\text{-}j}$

$$LS_{i\text{-}j}=LF_{i\text{-}j}-D_{i\text{-}j} \tag{10-6}$$

5）各工作的总时差 $TF_{i\text{-}j}$

工作总时差是指不影响工期的前提下，工作 $i\text{-}j$ 所具有的机动时间。

$$TF_{i\text{-}j}=LS_{i\text{-}j}-ES_{i\text{-}j}=LF_{i\text{-}j}-EF_{i\text{-}j}=LF_{i\text{-}j}-ES_{i\text{-}j}-D_{i\text{-}j} \tag{10-7}$$

6）各工作的工作自由时差 $FF_{i\text{-}j}$

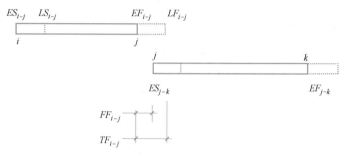

图 10-5　总时差和自由时差计算原理

工作自由时差是指在不影响工期且不影响紧后工作最早开始时间的前提下，该工作所具有的机动时间。如图 10-5 所示，工作自由时差 $FF_{i\text{-}j}$ 为：

$$FF_{i\text{-}j}=ES_{j\text{-}k}-EF_{i\text{-}j}=ES_{j\text{-}k}-ES_{i\text{-}j}-D_{i\text{-}j}=ET_j-ET_i-D_{i\text{-}j} \tag{10-8}$$

显然 $FF_{i\text{-}j}$ 是 $TF_{i\text{-}j}$ 的一部分，在总时差范围内调整工作的开工时间对总工期不会有影响；在自由时差内调整工作开工时间不仅对总工期没影响，而且对紧后工作也没影响。

7）确定关键线路和关键工作

总时差 $TF_{i\text{-}j}=0$ 的各工作皆为关键工作，所有关键工作连接而成的线路为关键线路。

【例 10-3】　某工程用工作计算法计算时间参数并判断关键线路，见图 10-6。

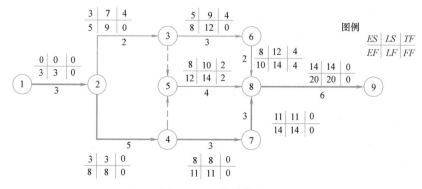

图 10-6　工作计算法

190

（3）标号法

根据节点计算法的基本原理，对网络计划中的每一个节点进行标号，然后利用标号值确定计算工期和关键线路。

1）表示方法：（节点编号，工作持续时间）；

2）计算方法：起点节点的标号值为零，其他节点的标号值为：

$$b_j = \max\{b_i + D_{i\text{-}j}\} \tag{10-9}$$

3）计算工期：网络计划终点节点的标号值；

4）关键线路：由终点节点开始，逆箭线方向确定。

【例 10-4】 某工程网络计划用标号法计算时间参数并判断关键线路，如图 10-7 所示。

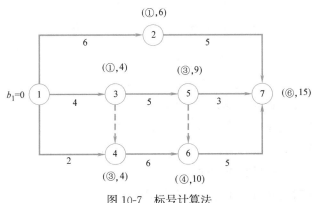

图 10-7　标号计算法

10.2　单代号网络计划

10.2.1　单代号网络图的构成及基本符号

单代号网络图由许多节点和箭线组成，与双代号网络图不同，节点表示工作而箭线仅表示各工作之间的逻辑关系。它与双代号网络图相比，不用虚箭线，网络图便于检查和修改。

节点：用圆圈或方框表示，如图 10-8 所示，节点表示的工作名称、持续时间、节点编号一般都标注在圆圈或方框内。节点编号方法与双代号网络图相同。

箭线：用实线、箭头方向表示工作的先后顺序。

| 工作编号 |
| 工作名称 |
| 持续时间 |

图 10-8　单代号网络图的节点

10.2.2　单代号网络图的绘制规则

与双代号网络图的绘图规则相同，但当网络图中有多项起始工作或多项结束工作时，应在网络图两端分别设置一项虚拟的工作作为起始节点或终节点，如图 10-9 所示。

10.2.3　单代号网络图时间参数计算

（1）工作最早开始时间 ES_i、最早完成时间 EF_i 的计算

令初始工作最早开始时间 $ES_0 = 0$，由 0 节点开始，按编号由小到大顺序依次计算各节点的最早开始时间：

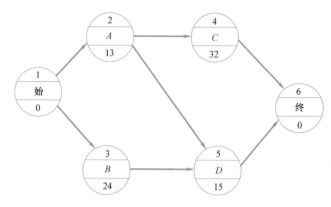

图 10-9　具有虚拟节点的单代号网络图

$$ES_j = \max\{ES_i + D_i\} \tag{10-10}$$

$$EF_i = ES_i + D_i \tag{10-11}$$

式中　ES_j——j 节点（工作 j）的最早开始时间；

　　　ES_i——工作 j 的紧前工作 i 的最早开始时间；

　　　D_i——工作 i 的持续时间；

　　　EF_i——工作 i 的最早完成时间。

（2）工作之间的时间间隔与工作的时差计算

① 相邻工作 i 与 j 之间的时间间隔 $LAG_{i\text{-}j}$

相邻工作之间时间间隔是指紧后工作 j 的最早开始时间 ES_j 与紧前工作 i 的最早完成时间 EF_i 之差，用 $LAG_{i\text{-}j}$ 表示：

$$LAG_{i\text{-}j} = ES_j - EF_i \tag{10-12}$$

② 工作 i 的自由时差 FF_i

工作 i 的自由时差，等于工作 i 与其各个紧后工作 j 的时间间隔中的最小值：

$$FF_i = \min\{LAG_{i\text{-}j}\} \tag{10-13}$$

③ 工作 i 的总时差 TF_i

从网络图终节点开始逆箭线方向逐个计算，令结束工作的总时差 $TF_n = 0$，其他工作总时差按下式计算（设 j 为 i 的紧后工作）：

$$TF_i = \min\{LAG_{i\text{-}j} + TF_j\} \tag{10-14}$$

（3）工作的最迟开始时间 LS 和最迟完成时间 LF 的计算

$$LS_i = ES_i + TF_i \tag{10-15}$$

$$LF_i = EF_i + TF_i \tag{10-16}$$

（4）确定关键工作和关键线路

工作总时差为最小值的工作为关键工作，所有关键工作连成的线路为关键线路。

【例 10-5】　某工程单代号网络图，用图上计算法计算的各时间参数及关键线路，如图 10-10 所示。

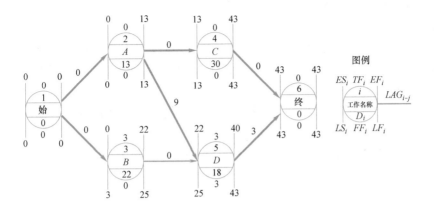

图 10-10　单代号网络图时间参数计算实例

10.3　双代号时标网络计划

时标网络计划是以时间坐标为尺度表示各工作时间的网络计划。在双代号时标网络计划中以实箭线表示工作，箭线的水平投影长度表示工作时间长短；虚箭线表示虚工作；以波形线水平投影长度表示工作的自由时差。时标网络的节点必须对准时标的位置；各工作水平投影位置与其时间参数对应；虚工作必须以垂直方向虚箭线表示；有自由时差时以补加波形线表示；时标单位根据需要可以是时、天、周、月等。

双代号时标网络计划同时具有横道图计划与网络计划的优点，且可无需计算直接绘图，但由于绘图较麻烦，因此多用于工作数比较少的工程项目中，如某些大型工程的分部工程计划以及某些年、季、月周期性网络计划中。

10.3.1　双代号时标网络图的绘制

时标网络计划图绘制方法有两种：一种是直接绘制法，不经过计算，根据网络图及各工作的持续时间直接在时标表上绘制；另一种是间接绘制法，先计算一般网络计划节点的最早开始时间，然后在时标表上绘制。这里介绍直接绘制法。

【例 10-6】　某工程网络图如图 10-11 所示，直接绘制其时标网络计划的步骤如下：

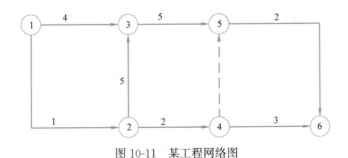

图 10-11　某工程网络图

（1）绘制时标表。

（2）将起始节点定位在时标表的起始刻度线上，如图 10-12 中节点①。

（3）按工作持续时间在时标表上绘制箭线，箭线长度代表工作持续时间，如图 10-12 中①→②、①→③等。

（4）工作的箭头节点必须在其之前所有箭线绘出后，定位在这些最长箭线的末端。其他短箭线达不到节点时，补波形线达到该节点。波形长度即为该工作自由时差，如图 10-12 中工作①→③、②→③。

（5）虚箭线开始节点与结束节点之间有水平距离时也用波形补足，如图 10-12 中的④→⑤，没有水平距离则绘制垂直虚箭线。

（6）按上述方法自左向右依次确定各节点位置，直至终节点。

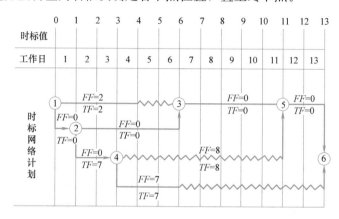

图 10-12　时标网络计划实例

10.3.2　时标网络计划时间参数的确定

（1）关键线路和计算工期

从起点到终点不出现波形的线路为关键线路，如图 10-12 中①→②→③→⑤→⑥。终节点时标值与起点时标值之差为计算工期，图 10-12 中计算工期为 13d。

（2）工作最早时间参数的确定

按最早时间参数绘制的时标网络计划，最早时间参数应自左向右确定，每条实箭线尾节点中心对应的时标值为该工作的最早开始时间，实箭线右端末（不包括波形线）所对应时标值为工作的最早完成时间，如图 10-12 中 $ES_{2\text{-}4}=1\text{d}$，$EF_{2\text{-}4}=3\text{d}$。

（3）工作自由时差

时标网络计划中，波形线水平投影长度为该工作自由时差，如图 10-12 中 $FF_{1\text{-}3}=2\text{d}$，$FF_{4\text{-}6}=7\text{d}$。

（4）工作总时差

工作总时差的计算应自右向左。工作 $i\text{-}j$ 的总时差等于其各紧后工作 $j\text{-}k$ 总时差的最小值与本工作的自由时差之和。

$$TF_{i\text{-}j}=\min\{TF_{j\text{-}k}\}+FF_{i\text{-}j} \tag{10-17}$$

如图 10-12 所示，箭线或波形线下方数字为该网络计划各工作的总时差。

（5）最迟时间参数的确定

知道了 $TF_{i\text{-}j}$、$ES_{i\text{-}j}$、$EF_{i\text{-}j}$，显然，最迟时间参数很容易得到：

$$LS_{i\text{-}j}=ES_{i\text{-}j}+TF_{i\text{-}j};LF_{i\text{-}j}=EF_{i\text{-}j}+TF_{i\text{-}j} \tag{10-18}$$

10.4　网络计划的优化和调整

网络计划是在一定工程条件和施工方案基础上编制的，因此有一定的约束条件。而满足一定约束条件的网络计划有很多种方案，不同方案的效果如工期、成本、资源消耗等又有很大区别。因此，一个初始施工网络计划不一定最优，有必要在满足既定约束条件下，根据目标不断改进网络计划，如调整各工作的开工时间及各工作持续时间等，以寻求满意方案，这一过程即为网络计划的优化。网络计划的优化目标要根据工程条件和需要而定，一般分为工期优化、资源优化和费用优化三类。

10.4.1　工期优化

工期优化是指当计算工期大于要求工期时，通过压缩关键工作的持续时间来满足工期要求，其步骤如下：

（1）求出网络计划中的关键线路和计算工期 T_c（最好用标号法快速求出）。

（2）按要求工期 T_r 计算应缩短的工期 ΔT（$\Delta T = T_c - T_r$）。

（3）根据实际投入资源的可能确定各工作的最短持续时间。

（4）确定缩短各工作持续时间的顺序，通常满足以下因素的工作应优先缩短：①缩短时间对质量影响不大；②有充足的备用资源和工作面；③缩短持续时间所需增加的费用最少。

（5）将优先缩短的关键工作压缩至最短持续时间，并重新找出关键线路。但要注意：原来关键工作被压缩后变成非关键工作是不允许的，应将其持续时间再延长使之仍为关键工作。

（6）调整后，若计算工期仍大于要求工期，则重复以上步骤，直到满足工期要求为止。

（7）当所有关键工作持续时间都已达到最短持续时间，而工期仍不满足要求时，应对施工方案进行调整或对工期重新审定。

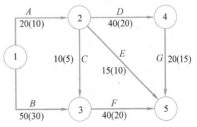

图 10-13　初始网络计划

【例 10-7】　某网络计划如图 10-13 所示，箭线下方括号外数字为正常持续时间，括号内为最短持续时间，根据实际情况确定缩短工作持续时间的顺序为 $B \to D \to F \to E \to C \to G \to A$，要求工期 60d，试对该网络计划进行工期优化。

【解】　（1）用标号法求出关键线路 $B \to F$，计算工期 $T_c = 90d$，见图 10-14。

（2）缩短工期 $\Delta T = 90 - 60 = 30d$。

（3）按优先次序首先将 B 缩至最短工期 30d，再用标号法找出关键线路 $A \to D \to G$，此时计算工期为 $T_c = 80d$，见图 10-15。

（4）将 B 的持续时间延长 10d 使之仍为关键工作，此时包括两条关键线路 $A \to D \to G$、$B \to F$，见图 10-16。

（5）再计算缩短工期 $\Delta T = 80 - 60 = 20d$。

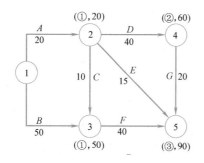

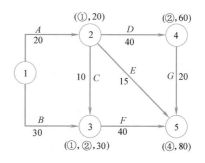

图 10-14　用标号法找出关键线路　　　　　图 10-15　B 缩至 30d 的网络计划

（6）将 D 与 B→F 线路上的一个或两个工作同时压缩，这里，按优先次序 D 压缩 20d，B 和 F 各压缩 10d，再用标号法求出关键线路和计算工期，如图 10-17 所示，B→F、A→D→G 仍为关键工作，且 T_c＝60d 满足工期要求，故优化完毕。

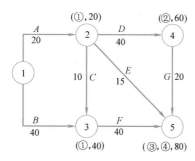

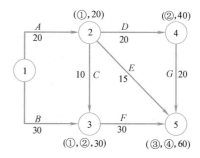

图 10-16　B 增至 40d 后的网络计划　　　　　图 10-17　最后达到目标的网络计划

10.4.2　资源优化

10.4.2.1　资源有限工期最短

（1）按最早时间参数绘制时标网络计划，并从计划的第一天起，自左向右统计每日资源需要量 R_t，并与资源限量 R_a 比较。若 $R_t \leqslant R_a$，则符合要求不必调整；若 $R_t > R_a$，则应对该处平行施工的各工作进行如下调整：在不改变逻辑关系的前提下，将该处平行工作之一自左向右移动。

（2）上述调整导致工期的延长量 ΔD 的计算：

如图 10-18 所示，m-n 和 i-j 原是平行工作，若 m-n 不动，i-j 移至 m-n 之后，则由此导致的工期延长（用 $\Delta D_{m-n,i-j}$ 表示）为：

$$\Delta D_{m-n,i-j} = EF_{m-n} + D_{i-j} - LF_{i-j}$$
$$= EF_{m-n} - LS_{i-j}$$
$$= EF_{m-n} - ES_{i-j} - TF_{i-j} \tag{10-19}$$

（3）若 $R_t > R_a$ 的某处有多个平行工作时，可得到很多种移动方案以及很多个相应的 $\Delta D_{m-n,i-j}$，最后选择工期延长最小的方案进行移动调整。

（4）选择 $R_t > R_a$ 的下一组平行工作，重复上述工作直至每天 $R_t \leqslant R_a$，即得优化方案。

【例 10-8】某时标网络如图 10-19 所示，图中箭线上方数字为资源消耗量，箭线下方

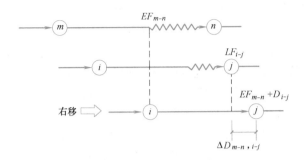

图 10-18　工作 $i\text{-}j$ 移至 $m\text{-}n$ 之后 ΔD 的计算

为工作持续时间 $D_{i\text{-}j}$，资源限量 $R_a = 15\text{d}$，则对其进行工期最短优化的过程如图 10-20 和图 10-21 所示。

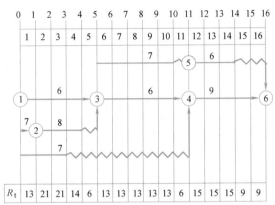

图 10-19　某工程初始时标网络计划

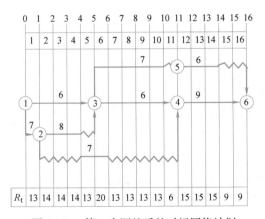

图 10-20　第一次调整后的时标网络计划

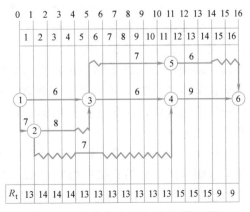

图 10-21　优化完成后的时标网络计划

10.4.2.2　工期固定资源均衡

工期固定，资源均衡是指在总工期不变的前提下，通过调整非关键工作的开工时间，使每天资源消耗量趋于均衡。这里介绍其中的一种方法——削高峰法。

（1）按最早时间参数绘制时标网络计划，确定关键线路、计算工期，统计每日资源消耗量 R_t。

197

（2）非关键工作的优化调整顺序：从终节点开始，按非关键工作的完成节点编号由大到小的顺序；同一完成节点，开工时间晚的非关键工作优先。

（3）调整方法：在自由时差（波形线）范围内，非关键工作的实箭线自左向右移动。

（4）非关键工作是否需要移动的判定原则：削峰填谷，即移动后能降低资源高峰和填补资源低谷，从而使资源消耗趋于均衡。具体判定方法如下：

如图 10-22 所示，某非关键工作 i-j 第 m 天开始，第 n 天结束，平均每日资源消耗量为 r_{i-j}，若 i-j 右移一天，则第 m 天资源量比原来 R_m 要降低，而第 $n+1$ 天资源量由原来的 R_{n+1} 增加到 $R_{n+1}+r_{i-j}$，根据"削峰填谷"的原则，必须满足：

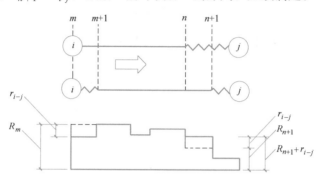

图 10-22　非关键工作移动后资源分布变化

（资源图中，虚线表示原来资源分布，实线表示移动后的资源分布）

$$R_{n+1}+r_{i-j} \leqslant R_m \tag{10-20}$$

（5）按上述原则、方法、顺序，进行其他非关键工作的调整，直到所有非关键工作都不能再调整为止，则优化完毕。

10.4.3　费用优化（工期—成本优化）

10.4.3.1　规定工期成本最低进度计划

这里需要把工期看成一个变量，而规定工期不过是工期的一种状态。首先以按各工作正常持续时间编制的网络计划为出发点（此时工期可能长于规定工期），不断选取那些直接费用率最小的关键工作，压缩其持续时间，直至满足规定工期为止。

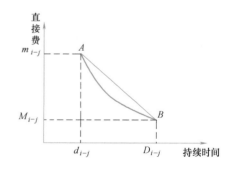

图 10-23　工作持续时间-直接费曲线

如图 10-23 所示，某工作由正常时间 D_{i-j} 压缩至最短时间 d_{i-j} 后直接费由原来 M_{i-j} 增至 m_{i-j}，把曲线 AB 近似看成直线，则工作 i-j 缩短单位时间所需增加的费用即直接费用率为：

$$e_{i-j}=\frac{m_{i-j}-M_{i-j}}{D_{i-j}-d_{i-j}} \tag{10-21}$$

每个工作的 e_{i-j} 都不同，因此为寻求到规定工期，首先选择 e_{i-j} 最小的关键工作，压缩持续时间。当有两条关键线路时，应分别在每条关键线路上选择一项工作组成一组，并满足该组两项工作的 e_{i-j} 之和为最小，然后对这两项工作同时压缩。这样经过多次循环，直至满足规定工期，此时的进度计划成本最低。

【例 10-9】 图 10-24 是各工作为正常持续时间的网络计划图，图中还包括各工作的加快的持续时间（图中括号内数字）、直接费用率 e、各工作总时差以及总工期 100 周。经计算该计划的直接费 $S_0 = 520$ 万元。

按上述工期—成本优化原理缩短各工作持续时间，优化至最短工期 55 周后的网络计划见图 10-25，该计划的直接费 $S_1 = 597.5$ 万元。

不经过上述工期—成本优化，各工作均采用最短时间的网络计划见图 10-26。该计划的直接费 $S_2 = 618.75$ 万元。

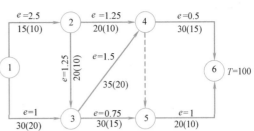

图 10-24　某网络计划图

显然盲目缩短工期至 55 周，比经优化缩至 55 周，直接费用增加 21.25 万元。

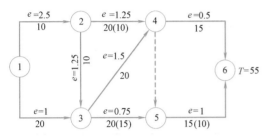

图 10-25　优化后的网络图

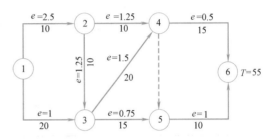

图 10-26　不作优化的最短工期网络图

10.4.3.2　寻求最优工期及相应的进度计划

如前所述，图 10-24 网络计划，按照上述工期—成本优化方法，在优化至最短工期以前，可得到很多介于 55～100 周的工期 T，同样可得到相应的进度计划及相应的直接费 S。将 T 与 S 的关系画出曲线，如图 10-27 所示，随着工期的缩短直接费增加。

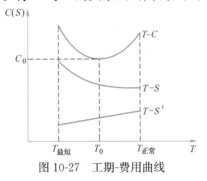

图 10-27　工期-费用曲线

工程总成本 C 是由直接费 S 和间接费 S' 构成的，而间接费随着工期的缩短而减少，见图 10-27 中 T-S' 曲线。因此总成本 C 与 T 之间关系如图 10-27 所示，T-C 曲线存在极小值点 O，O 点对应的 T_0 和 C_0 为该工程的最优工期和最低成本。T_0 对应的进度计划为最低成本、最优工期下的进度计划。

以图 10-24 为例，按照工期—成本优化方法可优化出多个工期及相应费用。该工程直接费、间接费及总成本见表 10-2。由表 10-2 可绘出 T-C 曲线，并

可求出最优工期为 90 周，总成本为 633.9 万元，相应的进度计划为最优计划。

工期-费用表 表 10-2

工期（周）	直接费（万元）	间接费（万元）	总成本（万元）
100	520	121	641
90	525	108.9	633.9

工期(周)	直接费(万元)	间接费(万元)	总成本(万元)
85	531.25	102.85	634.1
80	538.75	96.8	635.55
75	546.25	90.75	637
70	557.5	84.7	642.2
60	580	72.6	652.6
55	597.5	66.55	664.05

思 考 题

10-1 理解下列概念：工作、节点、线路、关键线路、关键工作、总时差、自由时差、虚工作。

10-2 阐述网络图绘制规则和步骤。

习 题

10-1 根据表10-3的逻辑关系绘制双代号网络图。

习题10-1

表 10-3

本工作	A	B	C	D	E	F	G	H	I	J	K
紧前工作	—	A	B	A	B、C	C、D	D、E、F	A、G	G	H	I、J

10-2 根据下列关系分别绘制单代号和双代号网络图。

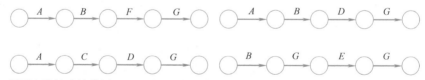

10-3 用图上计算法计算图10-28所示网络图各节点的 ET_i、LT_i，各工作的 ES_{i-j}、EF_{i-j}、LS_{i-j}、LF_{i-j}、TF_{i-j}、FF_{i-j}，并标注关键线路。

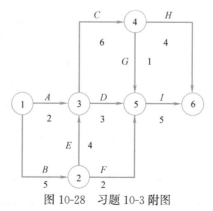

图10-28 习题10-3附图

10-4 将图10-28绘制成时标网络图。

10-5 某单代号网络图如图10-29所示，试计算各工作的 ES_i、EF_i、LE_i、LF_i、TF_i、FF_i。

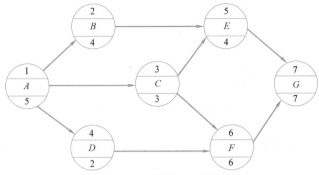

图 10-29 习题 10-5 附图

10-6 已知某网络图如图 10-30 所示，箭线下方括号外数字为正常持续时间，括号内为最短持续时间，根据实际情况确定缩短工作时间的顺序为 $B \to D \to C \to E \to A \to F$，要求工期 60d，试对该网络计划进行工期优化。

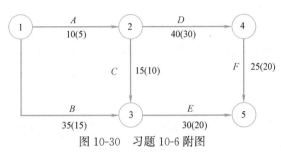

图 10-30 习题 10-6 附图

主要参考文献

[1] 中华人民共和国住房和城乡建设部. 建筑地基基础工程施工质量验收标准 GB 50202—2018 [S]. 北京：中国建筑工业出版社，2018.

[2] 中华人民共和国住房和城乡建设部. 建筑基坑支护技术规程 JCJ 120—2012 [S]. 北京：中国建筑工业出版社，2012.

[3] 中华人民共和国住房和城乡建设部. 建筑桩基技术规范 JCJ 94—2008 [S]. 北京：中国建筑工业出版社，2008.

[4] 中华人民共和国住房和城乡建设部. 混凝土结构工程施工规范 GB 50666—2011 [S]. 北京：中国建筑工业出版社，2011.

[5] 中华人民共和国住房和城乡建设部. 混凝土结构工程施工质量验收规范 GB 50204—2015 [S]. 北京：中国建筑工业出版社，2015.

[6] 中华人民共和国住房和城乡建设部. 钢筋焊接及验收规程 JGJ 18—2012 [S]. 北京：中国建筑工业出版社，2012.

[7] 中华人民共和国住房和城乡建设部. 混凝土泵送施工技术规程 JGJ/T 10—2011 [S]. 北京：中国建筑工业出版社，2011.

[8] 中华人民共和国住房和城乡建设部. 预应力筋用锚具、夹具和连接器应用技术规程 JGJ 85—2010 [S]. 北京：中国建筑工业出版社，2010.

[9] 中华人民共和国住房和城乡建设部. 无粘结预应力混凝土结构技术规程 JGJ 92—2016 [S]. 北京：中国建筑工业出版社，2016.

[10] 中华人民共和国住房和城乡建设部. 砌体工程施工质量验收规范 GB 50203—2011 [S]. 北京：中国建筑工业出版，2011.

[11] 中华人民共和国住房和城乡建设部. 混凝土小型空心砌块建筑技术规程 JGJ/T 14—2011 [S]. 北京：中国建筑工业出版社，2011.

[12] 中华人民共和国住房和城乡建设部. 建筑施工扣件式钢管脚手架安全技术规范 JCJ 130—2011 [S]. 北京：中国建筑工业出版社，2011.

[13] 中华人民共和国住房和城乡建设部. 建筑施工门式钢管脚手架安全技术标准 JCJ 128—2019 [S]. 北京：中国建筑工业出版社，2019.

[14] 中华人民共和国住房和城乡建设部. 建筑施工碗扣式脚手架安全技术规范 JGJ 166—2016 [S]. 北京：中国建筑工业出版社，2016.

[15] 中华人民共和国住房和城乡建设部. 建筑施工承插型盘扣式钢管支架安全技术规程 JCJ 231—2016 [S]. 北京：中国建筑工业出版社，2010.

[16] 中华人民共和国住房和城乡建设部. 工程网格计划技术规程 JGJ/T 121—2015 [S]. 北京：中国建筑工业出版社，2015.

[17] 中华人民共和国住房和城乡建设部. 建筑工程绿色施工规范 GB/T 50905—2014 [S]. 北京：中国建筑工业出版社，2014.

[18] 中华人民共和国住房和城乡建设部. 建筑施工组织设计规范 GB/T 50502—2009 [S]. 北京：中国建筑工业出版社，2009.

[19] 张国联，王凤池. 土木工程施工 [M]. 北京：中国建筑工业出版社，2004.

[20] 《建筑施工手册》编委会. 建筑施工手册（第五版）[M]. 北京：中国建筑工业出版社，2013.

[21] 重庆大学，同济大学，哈尔滨工业大学合编. 土木工程施工（第三版）[M]. 北京：中国建筑工

业出版社，2016.

[22] 毛鹤琴. 土木工程施工（第5版）[M]. 武汉：武汉理工大学出版社，2018.

[23] 王利文. 土木工程施工技术 [M]. 北京：中国建筑工业出版社，2017.

[24] 应惠清. 土木工程施工（第3版）[M]. 北京：高等教育出版社，2016.

[25] 应惠清，杜兵康. 现代土木工程施工 [M]. 北京：清华大学出版社，2015.

[26] 郭正兴. 土木工程施工（第2版）[M]. 南京：东南大学出版社，2012.

[27] 穆静波，王亮. 建筑施工（第二版）[M]. 北京：中国建筑工业出版社，2012.

[28] 钟晖，栗宜民，艾合买提·依不拉音. 土木工程施工 [M]. 重庆：重庆大学出版社，2001.

[29] 方承训，郭立民. 建筑施工（第二版）[M]. 北京：中国建筑工业出版社，1997.

[30] 赵志缙，应惠清. 建筑施工 [M]. 上海：同济大学出版社，1997.

[31] 吴志强. 建筑施工机械 [M]. 北京：北京大学出版社，2011.

[32] 刘津明，韩明. 土木工程施工 [M]. 天津：天津大学出版社，2001.

[33] 阎西康. 土木工程施工 [M]. 北京：中国建材工业出版社，2000.

[34] 陈宝春. 钢管混凝土拱桥设计与施工 [M]. 北京：人民交通出版社，2000.

[35] 黄绳武. 桥梁施工及组织管理（上册）[M]. 北京：人民交通出版社，1999.

[36] 李亚东. 桥梁工程概论 [M]. 成都：西南交通大学出版社，2001.

[37] 魏红一. 桥梁施工及组织管理（第二版）[M]. 北京：人民交通出版社，2008.

[38] 徐伟. 桥梁施工 [M]. 北京：人民交通出版社，2008.

[39] 姚玲森. 桥梁工程 [M]. 北京：人民交通出版社，2000.

[40] 李忠富. 建筑施工组织与管理（第3版）[M]. 北京：机械工业出版社，2013.

[41] 许程洁，冉立平，张淑华. 工程项目管理（第2版）[M]. 武汉：武汉理工大学出版社，2014.

[42] 许程洁. 建筑施工组织 [M]. 北京：中央广播电视大学出版社，2000.

[43] 许伟，许程洁，张红. 土木工程施工组织 [M]. 武汉：武汉大学出版社，2014.

[44] 张守健，许程洁. 施工组织设计与进度管理 [M]. 北京：中国建筑工业出版社，2001.

[45] 曹吉鸣. 工程施工组织与管理（第二版）[M]. 上海：同济大学出版社，2016.

[46] 王修山，王波. 道路与桥梁施工技术 [M]. 北京：机械工业出版社，2016.

[47] 范庆国. 建设工程施工新技术应用案例 [M]. 北京：中国建筑工业出版社，2007.

[48] 马保国. 新型泵送混凝土技术及施工 [M]. 化学工业出版社，2006.

[49] 王铁梦. 工程结构裂缝控制 [M]. 北京：中国建筑工业出版社，1997.

[50] 杨宗放，李金根. 现代预应力工程施工 [M]. 北京：中国建筑工业出版社，2008.

[51] 薛伟辰. 现代预应力结构设计. 上海：同济大学出版社，2003.